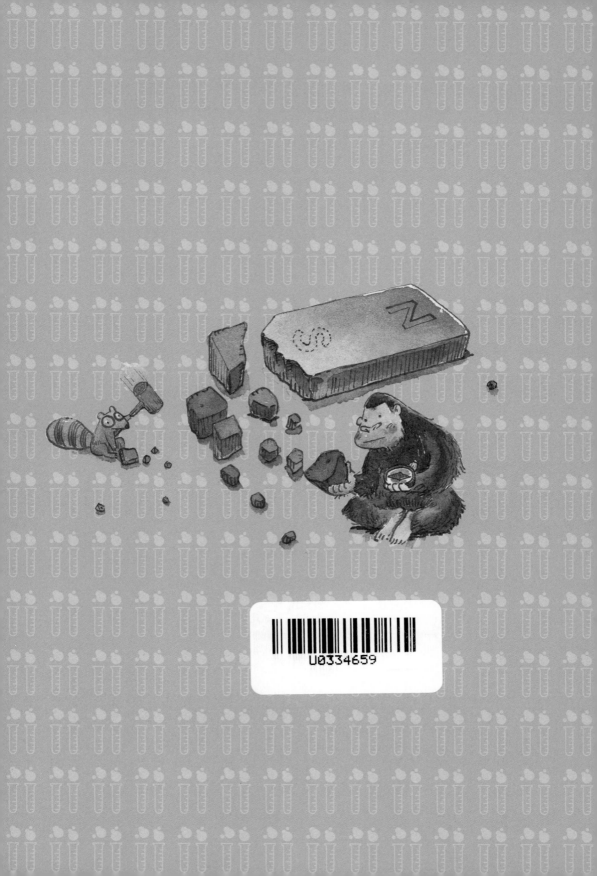

像童话一样有趣的科学书

隐藏在自然中的秘密

（韩）权秀珍 （韩）金成花 著
（韩）Seo-Run 绘
孙 羽 译

九州出版社 全国百佳图书出版单位
JIUZHOUPRESS

像童话一样有趣的科学书

学习科学是一件非常有趣的事情！

我们的科学书，不应该像沙子一样无味、像墙壁一样坚硬！科学有着漫长的历史，即使是再简单的科学原理，也有很多人为了寻求答案而不停地思考、实验，经历着失败的沮丧和成功的喜悦。在这其中，还发生了很多有趣的故事。

我们在学习科学知识的时候，如果忽略了这些有趣的故事，只是简单地学习科学结果，记忆生硬的公式和理论，就没有任何学习的乐趣可言，更不能算真正地掌握了科学知识。

因此，在这个系列的图书中，我们希望通过更多的故事，为大家介绍科学知识。有些知识在课堂上也许只提到一两句，但是在现在的这套书中，会将前前后后的故事，通通讲给大家听，让

大家学到更多对未来有帮助的知识。

自然中隐藏着无数的秘密，科学就是揭开这些秘密的学问！为了能够写好这本书，我们投入了巨大的时间和精力。用童话一样的语言和绘图等表现形式，让大家更轻松有趣地学习这些科学知识。

人们最喜欢那些爱笑，有无穷的好奇心，即使是一次简单的起跳动作，也会用心去观察的孩子！相信你一定是这样的一个孩子！希望你能够尽情享受有关科学的乐趣！

权秀珍　金成花

目 录

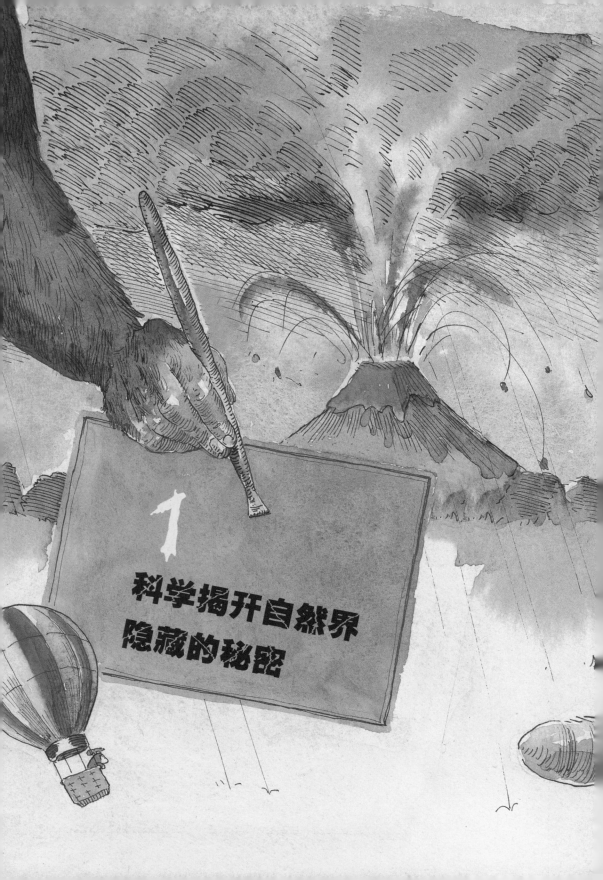

科学揭开自然界
隐藏的秘密

为什么要学习科学？

相信每个人都非常喜欢新奇的故事，其实，我和你们一样，也都非常喜欢这些新奇的故事！不管是桃乐丝和自己的房子一同随着龙卷风飞走的故事，还是头上长着无数条蛇的美杜莎的故事，飞不起来的魔女的故事（明明是魔女，却飞不起来，真是可怜），还有阿拉丁神灯的故事……神奇的故事好像永远也读不完，而且越读越有趣！

可是，有一段时间，即使是再神奇的故事，我却一句也读不进去了，那就是在考试之前需要努力学习、复习功课的时候；另外，父母经常要求我读一些高尚有品位的名著的时候——每当这时候，有趣的神奇故事好像也被我忘到了脑后！（相信大家也一定会遇到过这样的时候。）

我的运气实在是不错，因为有一天，我读到了有关宇宙的故事。你们知不知道为什么星星会闪闪发光？你们知不知道太阳从远处看去，其实也是一颗小星星？你们又知不知道宇宙到底有多么宽广呢？原来，书中有这么多能够打动人心灵的故事。那时候我才发现，为什么以前我忽略了这些呢？

于是，我爱上了这些神奇的故事！从现在开始，我要告诉你们，什么才是世界上最神奇的故事，这些神奇的故事又发生在哪里。

　　这些故事并不是什么人编出来的，而是在我们生活的世界上真实存在的故事！

　　那么，这些神奇的故事到底在哪里呢？不要感到惊奇，这些神奇的故事就在我们周围的每一个地方。看看我们四周吧，我们脚下的土地里、我们头顶的星空中，甚至我们手掌上的空气里都有这些神奇的故事。我们每天都能看到太阳，但是，你知道吗？太阳距离我们大约有1.5亿千米之遥。我们看到的太阳光，是从那么远的距离出发，一直传到我们眼前的。在草丛和树木中，我们经常能够看到的蚂蚁，还有生活在目前地球上最大的动物蓝鲸，都有它们自己的神奇故事。如果将时光倒转，你生活的街道里，在很久很久以前说不定曾是恐龙的家呢！

　　所有的这些故事，在我眼里都无比的神奇！为了能让你们看清"神奇"一词，我希望最好能将这两个字用特殊的形式表现出来。你们是否理解"神奇"一词的含义呢？想要知道到底什么是神奇，可千万不要去查字典，而是要通过自己对万物的好奇心去体会！即使现在你觉得自己没有什么好奇心，也千万不要失望，因为这样的日子距离你并不遥远，只要你对星星、蚂蚁和一草一木都充满了真诚的热爱，你就会产生无穷的好奇心，你就会了解到宇宙万物的神奇！

　　不仅是在星星、蚂蚁和草丛中隐藏着神奇的秘密，在空气、水、泥土、太阳、风、雷电中也都同样隐藏着各种各样的秘密。但是，大自然没有嘴巴，不能自己说出这些神秘的故事。那么，我们难道要放弃去探索这些秘密吗？当然不是，我们当然有解开秘密的方法——那就是学习科学，科学能够帮我们揭开大自然中隐藏的秘密！

　　如果你们问我，为什么我要学习科学？我会回答你，那是出于对自然的好奇心：我们到底生活在什么地方？我们生活的世界是怎样的世界？宇宙中曾经发生过什么故事呢？我希望在我有生之年，能够尽可能了解这些知识。那么，你们为什么要学习科学，又为什么必须学习科学呢？我相信，那是因为你们也想要了解自然的秘密。也许，你们之中个别人会觉得自己并没有这个兴趣。如果真的是这样，我想那也不是你们真正的想法，也许你们的好奇心只是暂时被各种各样的心理所取代，让你无法发现自己的好奇心而已。只要你们摆脱这些干扰，努力发掘自己的好奇心，相信你们的好奇心很快就会凸显出来！

　　学习科学到底有什么好处呢？学习科学，可以让你了解自然中的秘密；了解了这些秘密，可以让你的好奇心更加旺盛。这样一来，可以让你学会仔细观察自然界中的事物，同时，学习科学还能够帮

助你学会想象。宇宙非常浩瀚，我们无法看到尽头，而原子的世界却又十分微小，我们也无法直接用肉眼观察。可是通过想象我们可以了解浩瀚的宇宙，也可以了解微小的原子世界。不仅如此，泥土中的秘密、种子中的秘密、海洋深处的秘密、星星的秘密，只有学习了科学的人，才能够了解这一切。

当我们了解了这些，我们就会变得更加谦逊。虽然现在的你们，还没有想要变得谦逊的想法，但谦逊的确是一种美德。当你成为一个谦逊的人，你就能够拥有知识和智慧，你就能够找到幸福。相反，傲慢的人就像暴饮暴食的人一样，暴饮暴食的人已经吃饱了肚子，再也不愿意吃别的东西；傲慢的人也是这样，他们不愿意学习更多的知识。学习了科学，世界在你眼里就会变得更加神秘和伟大，而其他人再也不会装作什么都懂的样子。所以，学习科学是一件非常有益的事情。

现在开始，我会带领大家，畅游神秘有趣的科学世界。大家不妨把我们的旅程，想象成乘坐大船进行的一次探险之旅！不过，我们的旅程和真的乘船探险还是有些区别的，这个区别到底是什么呢？航行时不能随时下船，但是你却能随时合上这本书。

5

很久很久以前就有科学

科学并不是某一天突然从地底下钻出来的，也不是从天上掉下来的，在很久很久以前，科学就已经存在了。当我们出生在这个世界之前，就已经有无数生活在地球上的人为了了解科学的秘密而仰望天空，观察星星以及日升月落。有的时候，还会发生一些可怕的事情，比如流星掉在地球上，比如暴风雨的袭击，比如产生"天狗吞日"的日食，或者发生地震、火山爆发……对于当时的人们来说，他们无法理解地球上为什么会发生这样的事情。因为当时没有人教给他们科学，也没有人考虑过这些问题。

为了揭开大自然的秘密，在很长的时间里，很多科学家付出了巨大的努力。每当这时候，大自然就会一点点地向人们展示出自己的真面目。大自然好像在和科学家们捉迷藏一样，直到今天，这场捉迷藏游戏还没有完全结束，而且变得越来越有意思了！因为科学家们刚刚努力解开一个秘密，大自然便又会向他们提出更多的问题。

说起来，这样的事情对科学家们好像有点儿不公平，科学家们对科学的探索可以说是永无止境的。通过一代代科学家的努力，我们才能学到这些以前的人们不可能了解到的科学知识！

科学家们没有直观地目睹地球的转动，却能够推断出地球转动的这一事实；世界上没有一个巨大的秤能够称出地球的重量，但是科学家们却将它计算了出来；即使没有那么长的尺子，科学家们也能够计算出星星和我们的距离。

此外，他们还通过研究，了解了在看不见的空气中究竟存在着哪些物质，还有摸不到的光和声音究竟是如何产生的。

大自然的秘密看不见也摸不着，那么，这些科学家们是如何解开这些秘密的呢？

这是因为，所有的科学家都非常善于思考。他们吃饭的时候在思考，甚至做梦的时候都在思考。不仅如此，科学家们还非常善于观察。为了验证自己的想法，他们还进行了无数次的实验。他们通过各种各样的实验，终于一点点地解开了自然之中的秘密。

在今天，科学中的"实验"是必不可少的。但是，在从前却不是如此，过去的科学家们并不懂得做实验。如果想要做实验，就要一整天不停地动手，来来回回地奔走，辛苦地忙碌。这些事情在当时的人们看来，是没有什么用处的。

对于过去的人来说，所谓的学习，就是坐在书桌前进行思考而已；过去的科学家们就是这样不停地进行思考。不过，光凭思考是无法揭开大自然的秘密的。因此，在那个时候，科学发展得十分缓慢。

不过，有一位科学家却果断地离开了书桌，开始动手进行各种实验。他带着对大自然的好奇心，通过亲手尝试进行实验，不断揭开大自然的秘密。

想要揭开秘密，就要通过实验

在距今大约400多年前，意大利的一个小村庄里生活着一个叫伽利略的人。他每天都在自己家的仓库里，不停地做着各种稀奇古怪的事情。有的时候，他登上高处，向下扔球；有的时候，他用绳子吊住小球，晃来晃去；有的时候，又把球从倾斜的地方滚下来。他仔细计算着球的运动距离和速度，并把观察结果记录在本子上，然后无数次地反复进行计算。

对伽利略来说，这些行动只是出于他自己的兴趣。他把这些看做是一种游戏。而对后人来说，伽利略的游戏成了最伟大的实验。

那么，伽利略为什么要进行这样的实验呢？

在伽利略之前的科学家曾经在书中写道："重的东西比轻的东西坠落的速度更快。"可是，伽利略几经思考，总觉得这个说法是错误的。伽利略非常想知道，到底是重的东西坠落的速度快，还是轻的东西坠落的速度快。于是，为了验证这个结果，他只有亲自动手来尝试一番了。伽利略制作了两个重量不同的球，然后爬上很高的地方来进行试验。

可是，由于球下落的速度很快，瞬间就掉在了地上，很难清楚地观察到具体的差距。于是，伽利略就将木板锯成长条，然后做成倾斜的斜面。之后，他在斜面上慢慢地滚动小球，来进行实验和观察。

这真的是一个非常伟大的想法！也许你们会认为，伽利略的行为有什么了不起呢？谁都能想出这样的方法啊！不过，我们可以仔细地思考一下。

　　你认为球从高空中掉下来和从木板上滚下来，是一模一样的吗？答案当然是否定的！但是，伽利略却发现，不管小球是从空中掉下来，还是从木板上滚下来，它们的原理都是相同的，所以他才用木板来模拟球从空中掉下来的情景。

　　通过伽利略的实验，原本观察起来非常困难的事情，现在变得简单了起来。在伽利略以前，没有任何一个科学家能够完成这样的事情。伽利略第一个告诉人们，当遇到复杂的、难以观察的自然现象时，应该如何通过实验来解决。

　　伽利略在木板上反复滚动小球进行实验，在实验的过程中，他不断地调整板子的长度和倾斜度。但是，开始的时候仍然无法准确地计算出时间（因为那个时候还没有真正精确的钟表）。

　　可是，伽利略并没有放弃，而是继续不停地寻找其他方法。他尝试用脉搏来代替钟表计算时间，他还制作水时钟，还用同样的拍子唱歌来计算时间……一边计算时间，伽利略一边观察小球从斜面上滚下来的过程。

　　"没错！脉搏跳动一下，铁球滚动50厘米！"

　　"没错！脉搏跳动一下，木球也滚动50厘米！"

伽利略分别用木球、铁球、铅球等多种小球进行了实验，结果不管各种球的重量如何，落下的速度都是一样的。之前的人们认为，重量大的球会比重量轻的球更快地落下来，可是伽利略却通过自己的实验证明了无论重量如何，球的下落速度都是一样的。

　　伽利略的实验直接证明了前人的错误，而且还发现了很多人们从来都不知道的知识。他发现，不管是重量大的球，还是重量小的球，在下落的时候，越接近地面速度会变得越快。这个自然规律，是以前从来没有人发现过的。不管是炮弹，还是冰雹或掉落的小石子，所有的物体在掉落的时候，越接近地面，速度就会越快。伽利略是世界上第一个发现这个规律的人。

　　伽利略还进行了其他一些实验，如"测量速度"和"比较速度"等，这是世界上第一个测算速度的实验。伽利略为了完成这个实验，进行了无数次的实际测试。

　　伽利略告诉我们，如果想要了解自然的秘密，一定要进行实验。自然界的规律肉眼是看不见的，也不会写在任何地方等我们去学习。只有通过数百次乃至上千次的实验，才能发现其中的规律。（在伽利略之后的科学家们，没有通过实验也推测出了一些自然的秘密，但是想要证明这些结果是否正确，还是要通过实验才行。）

　　伽利略去世以后，科学家们继承了他的事业，开始大量地进行科学实验。科学家们心中充满了对神秘的自然规律的探索热情，大都将自己的时间投入了科学实验之中。

物理这门伟大的学问，就这样产生了！

今天的物理学家研究的内容非常复杂，物理学中有很多需要学习的知识。但是，在物理学刚刚产生的时候，人们研究的对象，只不过是球到底滚得多快，或者球落下的速度如何等简单的问题。我们刚刚已经讲过了伽利略的故事，如果你已经很好地了解了他的故事，就等于在物理这门科学的路上迈出了第一步！

科学家为我们揭示了大自然中的物理规律，从微小的原子世界，到无边无际的宇宙……在学习这些知识的过程中，我们会接触到很多平时完全没有听过的奇妙故事。原来你以为是正确的东西，会变成错误的；而你认为荒谬的事情，却反而是正确的。

看看头上的蓝天和脚下的大地，不管怎么看，我们也丝毫感受不到任何运动，但是地球却是时刻在运动着。我们以为空气没有任何重量，但实际上空气的重量却是十分巨大的。你不要觉得自己只是一个孩子而已，其实，你也同样在吸引着巨大的地球。

其实，让我们相信这些看似怪诞的知识并不是一件难事。因为科学家们经过长时间仔细的研究，从而得出了科学的结论，并将这些

知识教给了我们。

不过，物理学刚刚出现的时候，情况却不是这样的。每当大自然的秘密被发现的时候，科学家们都会感到这些事实非常奇怪而令人难以置信。

现在，我想告诉你们一些荒唐、奇怪又特别的物理世界的真相。让我们开始其中第一个看似荒唐的故事吧！

假设这里有一个小球，如果让你们滚动这个小球，你认为它会滚到哪里去呢？

伽利略（1564－1642）
意大利天文学家、物理学家

你们有没有思考过这个问题呢？我想大概是没有吧！从很久很久以前开始，一直到现在为止，恐怕真正思考过这个问题的只有为数不多的几个人而已。如果在地板上滚动一个小球，这个小球会滚到哪里去呢？

我们大多数人都会认为，小球滚动一会儿以后，就会停止下来。但是，伽利略却不这么认为。他认为小球会一直运动下去，不会有终点，而是会永远地保持着运动的状态。

惯性的故事——
静止的永远静止，运动的永远运动

事实上，运动的小球的确会永无止境地一直运动下去，只是我们谁都没有亲眼见过永不停止的小球而已。不仅是我们，地球上没有任何一个人看到过这种景象，因为在地球上有很多因素会阻止小球的持续运动。

伽利略如何设想小球的持续运动？

　　伽利略利用木板进行小球滚动的实验。首先，保持木板的表面足够光滑，让小球能够不受阻挡地顺利运动。然后，将两块木板相对而立，并且保持同样角度的倾斜。伽利略在一侧的木板上放开小球，那么，小球会向哪里滚动呢？

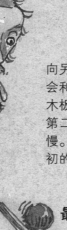

1

　　小球向下运动，经过平面的木板以后，就会向另一端木板的上方运动。而小球运动的高度，会和开始时所处的高度完全一致。小球从第一块木板上向下滑落的时候，速度会逐渐加快，而向第二块木板上方运动的时候，速度则会渐渐放慢。但是，尽管速度变慢，小球仍然能够达到最初的高度。

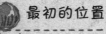

最初的位置　　　　　后来的位置

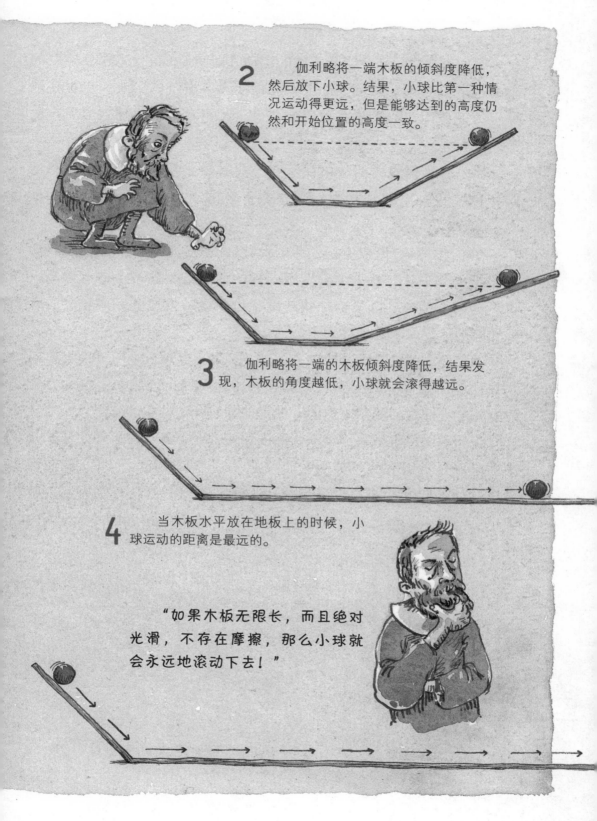

2　伽利略将一端木板的倾斜度降低，然后放下小球。结果，小球比第一种情况运动得更远，但是能够达到的高度仍然和开始位置的高度一致。

3　伽利略将一端的木板倾斜度降低，结果发现，木板的角度越低，小球就会滚得越远。

4　当木板水平放在地板上的时候，小球运动的距离是最远的。

"如果木板无限长，而且绝对光滑，不存在摩擦，那么小球就会永远地滚动下去！"

17

例如，地面不平会影响小球的运动，即使地面完全光滑，空气的阻力也会阻碍小球永远滚动下去。即使没有空气的影响，也存在地球引力的作用。如果这些阻碍的条件全都不存在，小球就会无止境地运动下去。

你是否相信这样的故事呢？我小的时候非常相信，不过，相信归相信，我心里却常常想："这么奇怪的事情究竟会发生在哪里呢？"

在空无一物，既没有空气，也没有星星的遥远的宇宙空间里，如果扔出一个小球，就真的会发生这样的情况！小球不会向上偏离，也不会向下偏离，既不会加快速度，也不会减慢速度，而是会一直以相同的速度，永远地运动下去。

不仅是小球，桌子、橡皮、饭碗、扫帚、气球……所有的物体如果在这样的条件下被扔出去，都会保持永不停止的运动。伽利略并没有到过地球之外的宇宙空间，但是他却解开了其中的秘密。

我们不妨想象一下，桌子、橡皮和扫帚在宇宙空间运动的样子，大家是不是觉得有些可笑呢？而宇宙飞船"旅行者"1号，现在仍然以这样的状态在宇宙中飞行着。这艘宇宙飞船上没有航天员，燃料也早已耗尽，它会永远地留在浩瀚的宇宙空间中。（1977年，美国

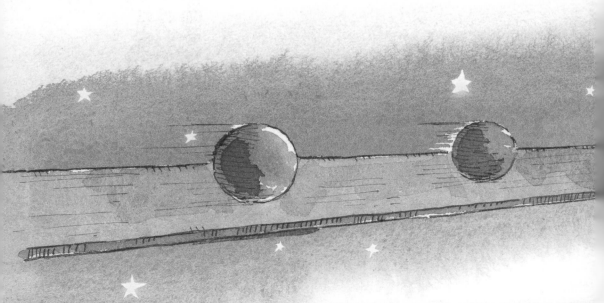

国家航空航天局向太空发射了旅行者号宇宙飞船。宇宙飞船上装载了地球人写给外星人的信。现在，"旅行者"1号已经越过了太阳系的边缘，并且会永远在宇宙中运动下去。）

如果没有任何妨碍，宇宙中的万物将会符合这个规律——运动的物体将会永远运动，而静止的物体将会永远静止,也就是说所有的物体都会永远保持它原来的状态。我们将物体的这种性质称为"惯性"。当这一规律刚刚被提出的时候，人们都觉得非常不可思议。不过，经过了漫长的时间后，科学家们逐渐理解了这个规律。

虽然在地球上，我们无法看到永远运动的小球，但是，我们仍然可以观察到惯性在我们身上产生的有趣现象。我们跑百米跑的时候，即使冲过了终点，人也不会立刻停下来，还会继续跑一段距离。那时即使不是我们自己想要跑，也会由于奔跑时产生的惯性使我们继续刚才跑步的状态。坐车的时候，如果车突然停住，自己并没有做出任何动作，可是在停车的瞬间，身体还是会向前倾斜。这是因为，车子已经停住了，但是人的身体却由于惯性的关系，继续在向前运动。相反，如果停着的车子忽然开动，车上的人就会向后倾斜。相信你可以推断出其中的原理了吧！

可是，你是否真的知道，当汽车突然停止造成你身体前倾的时候；又或者在汽车突然开动造成你的身体向后仰的时候，这些发生在你身上的现象中蕴藏着宇宙万物中神秘的规律呢？

● 在开动的船上扔球，球会落到哪里？

伽利略发现了宇宙中隐藏着万物运动的惯性规律，这已经是一个巨大的发现了，但是，伽利略并没有就此停止，他继续对惯性规律进行着各种各样的研究。

后来，他又发现了一个更加神奇的现象。这次，伽利略提出了这样一个设想：如果在一个匀速前进的船上进行试验，又会发生什么有趣的事情呢？

大家可以想象自己坐在一艘船上，船行驶的速度始终相同，方向也不会改变。如果船静止不动的时候，你坐在船上，向正上方扔出一个小球。小球就会向上飞去，然后落回你的手里。如果这时候船正在向前行驶，你再向正上方扔出一个小球，那么，扔出去的小球会落到哪里呢？是会落到你的手里，还是会落到和船向前行驶距离相等的后方呢？

实际上，小球仍旧会落回你的手里，就像船静止的时候一样。由于向上扔出去的小球会回到你的手里，因此单凭这点是无法判断你究竟是站在运动的船上扔球，还是站在静止的船上扔球。不管你乘坐的船行使的速度有多快，只要是按照相同的速度进行运动的，你站在船上扔出去的小球，还是会丝毫不差地回到你的手里。

但是，如果你站在岸边，观察在运动的船上向上扔球的场景，那么，你看到的情形就会完全不同了。你看到的小球，不是直上直下地飞起来，再落下去；而是小球被扔出去的时候，会划出一道弧线，向前方的天空中飞去，然后划出一道弧线，向下掉落。

在船上看到的小球是直上直下地运动；而在岸上看到的小球，是在做弧线运动，那么，这两种情况到底哪个是正确的呢？

伽利略为我们找到了答案。他认为以上的两个答案都是正确的，两个答案中不存在谁对谁错，两个情形都是实际发生的真实情形。

从行驶的船上观察时　　　　　　　　从岸边观察时

　　可是，明明用同样的方法扔出小球，为什么会出现两种不同的现象呢？对于船上的人来说，球就是直上直下地运动；而对于站在岸边的人来说，小球却是在做弧线运动。二者竟然都是正确的。

　　令人感到奇怪的还不止如此，假设你现在坐在一条船上，正行驶在海面上，海上没有波浪，也没有刮风，船身一点儿都不摇晃，船按照同样的速度行进，既不加速也不减速，匀速地向前行驶。这时，夜晚降临了，四周变得漆黑一片，你分辨不出方向，船舱上的窗户也紧闭着，你待在船舱里，没有感到晕船，那么，这时候你会感觉到船在运动吗？

　　你一定感觉到船并没有前进！可是，船明明在前进，为什么你无法判断船到底是在运动，还是已经停止了呢？如果船一直以相同的速度向着同样的方向持续行驶下去，你是无论如何也不会感到它在运动的。

　　同样的道理，你坐在时速800千米的飞机上，也无法判断飞机到底是在运动，还是已经停止了。

你会不会认为，这样奇怪的事情只是想象，不可能真的发生在现实世界里呢？

你错了，你现在正坐在一艘这样的船上。这并不是一艘具体的船，而是一个比船大无数倍的巨大物体！

没错，这就是我们生活的地球。现在，我们正"乘坐"着地球，以飞快的速度围绕着太阳飞行着。但是，我们生活在地球上，却丝毫感受不到地球在运动。

以前的人们认为，地球是静止不动的。即使是当时最聪明的人，也是这样认为的。他们认为如果地球是运动的，我们在地球上向上扔球的时候，小球就不会回到原来的地方，而是会落在和地球已运动的距离相等的后方。可是，实际上这样的事情却一次也没有发生过，所以人们认为地球运动的观点是错误的。

对此，伽利略发表了不同的观点。他告诉人们，我们在地球上向上扔小球，就像在行驶的船上向上扔球的道理相同。由于地球和船一样，也是按照完全相同的速度在进行运动，所以小球也会回到原来的位置。

严格来讲，地球并不是按照完全相同的速度，向同一个方向进行运动的。地球围绕着太阳，按照一个巨大的椭圆形轨道运转。但是，由于这个轨道非常大，所以我们可以将它看做是按照完全相同的速度，向同一个方向进行运动的。

我们无法察觉到地球的运动。如果想要亲身体会地球的运动，必须乘坐宇宙飞船，离开地球飞入宇宙才行。如果我们乘坐宇宙飞船，在太空中观察地球，就可以看到地球的运动。

因此，在速度和方向都不发生改变的情况下，即使是再聪明的科学家，也无法判断出这个物体到底是在运动着，还是处于静止状态。

3

地球吸引着你

重力

　　运动的小球会永远运动下去，这是惯性的规律。按照这一规律，小球一旦被扔出去，就会按照相同的方向和速度永远运动下去。

　　那么，为什么在地球上不会发生这样的事情呢？我们在地球上扔出东西的时候，它们只会飞行一段时间，然后就会改变方向，掉在地上。

　　以前，所有人都认为，扔出去的东西会掉在地上是理所应当的事情，并没有什么奇怪的地方。但是，当人们了解到惯性的规律后，科学家们开始对这个现象产生了兴趣。即使在没有摩擦、没有空气的条件下，扔出去的小球也一定会落在地上，为什么会发生这样的情况呢？经过不懈地研究，科学家们从中发现了一个惊人的秘密。

　　我们不妨想一下，为什么扔出去的小球一定会落在地上呢？为什么小球不会横着飞向侧面？为什么它不会绕地球一周以后，砸到你的后脑勺？为什么它不会飞向宇宙，再也不回来了呢？

　　科学家们对小球为何会落到地面上，提出了五花八门的观点。但是，有一个人最终发现了这其中真正的奥秘，他就是英国的大科学家牛顿，他告诉了我们扔出去的小球为什么会掉在地上。

牛顿的全名叫艾萨克·牛顿。他出生在伽利略去世以后的时代。小时候的牛顿是一个不爱笑的孩子，所以也没有什么朋友，也不太招大人们的喜爱。长大后的牛顿，经常怀疑他人，而且还有点小心眼儿。

艾萨克·牛顿（1643—1727）
英国物理学家、数学家、
天文学家

看到这里，大家会不会感到吃惊呢？在我们学习过程中，老师给我们介绍的牛顿是一个非常伟大的人。伟大的人似乎都应该是非常高尚的人，但是，实际上，在这些伟大的科学家中，既有一些善良、亲切的人，也有一些脾气怪异、小心眼儿的人，当然也有不善言辞的人，甚至还有一些坏人。所以，在阅读科学家的故事时，有时候我们会被感动，但有时候也会感到失望。

不过，有一点是我们必须记住的，所有的科学家在神秘的大自然面前都充满了好奇心和求知欲；他们在大自然的秘密面前都会不知不觉地感到心潮澎湃，他们想要探索大自然的秘密，并为此付出了一生的心血。

虽然没有一个人可以确定，牛顿到底是一个什么样性格的人（牛顿身上有无数的秘密哦），但是，他却用自己的发现为人类解开了自然界的秘密，送给我们全人类一份伟大的礼物。

 ## 测量地球对我们的引力

牛顿在上学的时候，阅读了很多伟大的科学家们出版的著作。当然，他也读到过伟大的科学家伽利略的著作。不过在当时，人们还没有认识到伽利略的伟大。

在那时的学校里，老师也不会给学生讲伽利略的故事。但是，牛顿在阅读了伽利略的著作后，却感到受益匪浅，觉得比读十本教科书更加有用。

伽利略在书中提到了扔出小球后，球会一直运动的观点。牛顿虽然没有亲眼见过能永远运动的小球，但是对伽利略的观点却深信不疑。伽利略对教科书上那些伟大科学家们的观点并不完全相信，而是通过自己无数次的实验，将大自然的真相展现给了人们。伽利略的这种探索精神，也令牛顿十分敬佩。

牛顿想，如果按照惯性的规律，将小球放在一个斜面上，那么球应该静止不动才对。但是，这样的事情在现实中却不会发生。如果将小球放在一个斜面上，球一定会向下滑落。那么，到底为什么会这样呢？

大家不妨也来想一下吧，如果按照惯性的规律，将一本书放在桌子上，书就会永远保持不动。因为按照惯性的规律，运动的物体会永远运动，静止的物体会永远静止。如果想改变书本静止不动的状态，一定需要有人对其施力，例如推动或拉动书本（你想对它施魔法，或者念咒语，可是没有任何作用的哦）。

如果想让运动的物体静止，想让静止的物体运动起来，或者让直行的物体改变行动的方向，就一定需要一个控制它的力量才行。

　　例如你想让桌子上静止的书发生运动，就必须对书施加一个力。如果是这样的话，将小球放在斜面上的时候，是什么力量让小球改变了静止的状态而向下运动呢？牛顿认为，施加这个力的正是地球！牛顿是第一个发现自然中存在着看不见的力量的人。

　　地球上的所有物体，都被地球向着地面的方向吸引着。我们在地面上向上跳起以后，会落到地上；在地面上向上扔出小球，小球也会落到地面；坐滑梯的时候，即使身体不动也会向下滑动；纸飞机和气球即使能短时间飞在天上，但是最终还是会落到地面上。

　　于是，牛顿认为，地球具有一种眼睛看不见的力，正是这种力让扔起的小球掉在了地上。牛顿将这种力称为"重力"。

　　地球会让飞行的炮弹落在地上，会让山上的小溪向下流动，会让水滴向下滴落，也会让熟透的柿子自己从树上掉在地上。不管在地上行走的人，还是在天上飞行的鸟儿，都被地球的重力吸引着（为了不掉在地上，鸟儿需要不断地挥动翅膀来和重力作斗争）。云彩、空气和海水都被地球的力量吸引着，才不会飞到宇宙中去。除了地面上的物体以外，地球还吸引着地下的所有物体。（由于地球将所有物体向地球中心吸引着，所以地球才不会像豆腐一样是四边形的，而是圆圆的形状。）

　　科学家们听了牛顿的理论后，这样说："啊？是吗？地球真的是这样吗？"

　　他们对牛顿的理论只是感到有些惊讶，但是表达过惊讶以后，他们就各自做各自的事情去了，对牛顿的理论没有给予太多的关注。

　　不管是多么伟大的、正确的理论，如果只停留在理论的阶段上，都无法揭示大自然真正的秘密，因为理论本身没有任何用处。牛顿认为地球吸引着小球，于是他宣布要用数学公式计算这个力量。

通过牛顿的公式，我们可以计算出地球对我们引力的大小，对小球引力的大小，以及对苹果引力的大小。这个公式是一个非常伟大而有名的公式，现在我就来向大家介绍这个有名的公式：

$$F=mg$$

这个公式可以这样解释：地球在吸引某一物体的时候，物体越重，地球对物体的引力就会越大。

在这个公式中，F代表压力，m代表质量，而g代表自由落体加速度（也叫重力加速度），地球的自由落体加速度是$9.8m/s^2$。

利用牛顿的公式，你可以计算出地球对你的引力到底有多大。如果说你的体重是40千克，那么要想计算地球对你的引力大小，可以按照以下的方法：

$$40 \text{ kg} \times 9.8 \text{ m/s}^2 = 392 \text{ N}$$

由于科学家们不喜欢复杂的单位，便将重力的单位命名为"牛顿"。用字母"N"来表示。

如果你的体重正好是40千克，那么地球对你的引力就是392牛顿。由于地球吸引着你，你便产生了重力，这样你才不会飞到宇宙中，而是安全地生活在地球上。

以后，当你在使用秤称体重的时候，一定不要忘了这一点啊，体重秤上指针表示的数字，同样表示地球正在吸引着你。

相信小朋友再长大一些以后，就会在科学教科书上看到更多的公式。但是，在我们做习题的时候，并不是只记住公式就可以了，在这些公式的后面，都隐藏着大自然的秘密。

科学家们发明公式，并不是为了让我们做习题，而是为了让我们解开大自然的秘密。科学家们通过公式和实验，来推断过去、现在和将来发生的事情。

经过推测，科学家们判断出宇宙中存在着黑洞，还发现了宇宙中看不见的电波，以及宇宙正在逐渐变得越来越大的事实……

一个公式看起来虽然很短，但是其中却蕴藏着非常多的故事，希望大家今后遇到公式的时候，不要只是死记硬背，而是要努力去理解公式所代表的真正含义。

月亮、桌子和灰尘都有重力

牛顿告诉大家，地球不仅吸引着人类和各种物体，还吸引着地球以外的月球！

地球吸引着月球？这是真的吗？没错！月球每分每秒都在围绕着地球转动，但是从来没有掉到地球上过。为什么呢？这是因为月球处于不断运动的状态。月球在被地球吸引的同时，还以非常快的速度围绕地球运动。它不会掉在地球上，或者脱离地球的引力飞向宇宙，而是不停地围绕地球转动。如果地球没有足够的吸引力的话，月球就不会像今天这样留在地球的周围，而是会飞到遥远的宇宙中去！

不仅地球拥有重力，月球、太阳、人类、生物、动物、桌子、橡皮、灰尘、小球，等等，都拥有自己的重力。宇宙中所有的物体都拥有重力，宇宙中的物体相互吸引着，科学家们将这种力称为"万有引力"！

当你坐在桌子面前学习的时候，桌子在吸引着你，而你也同时也在吸引着桌子。你会不会担心，如果桌子吸引着我，那么我想从桌子前面站起来的时候会不会被桌子吸过去，一下子扑在桌子上呢？事实上，你大可不必担心，因为桌子和你之间的万有引力非常小，所以只要你想摆脱这种引力，是随时可以轻易摆脱的。

重力真的是一种非常神奇的力量。大家想想看，向天空扔出去的小球飞在空中并最终落在地面，月亮距离地球很远却能受地球吸引而绕着它

　转，地球既没有手也没有脚，但是却能够吸引一切物体。

　　而你如果想拿起书包的话，一定要用手接触到书包才行，如果你不需要动手就能拿起书包，那你就会成为21世纪最伟大的魔术师了！

　　可是，地球却拥有这样神奇的力量。地球和月球之间没有任何可以连接它们的物体，既没有绳子，也没有双手……可是地球仍旧能够通过空无一物的宇宙空间吸引着月球，将它留在自己的身边。

变化的重量，不变的质量

前面我们已经说过，由于地球的引力，我们的身体产生了重量。但是，地球上不同地方的重力是不相同的。地球中心的重力最大，离中心越远的地方，重力就会变得越小。那么，哪些地方距离地球的中心近，哪些地方距离地球的中心远呢？

地球并不是一个光滑的球体，它的表面遍布着高低不平的各种地形，既有深深的峡谷，也有高高的山峰。此外，地球也不是一个正圆形的球体，赤道附近比较膨胀。因此，南北极两端的重力相对较强，而赤道附近的重力较小。

所以，如果我们在赤道地区称体重，体重就会变得轻一些，而在北极称体重，体重就会变得重一些。

重力是地球对物体的引力形成的力，我们可以用弹簧来测量这个力。如果物体受到地球的引力越大，弹簧就会变得越长；受到地球的引力越小，弹簧就会拉得较短。

而如果我们在月亮上来测量体重，就会发现体重变得非常轻，弹簧也不会被拉得很长（因为月亮上的重量是地球上重量的1/6，所以在月球上，你的体重会变成在地球上的1/6）。

重量会因为场所的不同，发生各种各样的变化。

可是不管你到北极还是到月
球，你的身体、骨骼并没有发
生变化，那么为什么体重会发生

变化呢？不知道大家有没有想过，
其实重量并不是完全取决于你自身的一
个数值。而有一个数值却是完全属于你
自身的。不管你去北极，去月球，还是
去宇宙，你的质量永远不会改变！质量
并不是由于地球对你的引力而形成的，
而是我们自身所固有的。因此，无论你
走到哪里，你的质量都不会发生变化。

　　那么，我们要如何测量质量呢？我们不能直接得知一个物体的质
量，只能通过和已知质量的物体进行比较，才能够得出这个物体的
质量。科学家们将体积为1000立方厘米(cm^3)、温度为4℃的纯水的质
量，定为1千克（kg）。

　　在此基础上，科学家们用铂制作了1千克的砝码，并将这个砝码
称为"千克原器"。通过使用各种10克、50克、100克、1000克的砝
码和我们的体重进行比较，我们就能够测量出自己的质量了。

　　如果想知道某种物体的质量，就需要将物体放在天平的一端，然
后在另一端放上砝码，直到天平的两端保持完全平衡为止。当天平
完全处于平衡位置时，将所有砝码的质量加在一起，就能够得出物
体的质量。

　　对于科学家来说，质量是一个非常重要的因素。因为重量会随着
场所的变换而发生变化，但是质量无论走到哪里都不会发生改变。
因此，在科学公式中，科学家们通常用质量代替重量来进行计算。
因为质量不管在高山、在赤道、在月球或者宇宙上，都不会发生任
何变化。

4

"骗过"地球,垒起石块

斜面的原理

　　大家应该不会忘记地球吸引着我们的事实吧！地球对你的引力，数值就相当于你的体重。在你小的时候，妈妈可以轻松地将你抱起来，但是，现在由于你已经长大，体重重了很多，妈妈想要抱起你来就需要花费很大的力气，这是因为地球对你的引力也随着你成长而变得更大了。

　　物体越重，想要举起物体所花费的力量就会越大，这是因为举起一个物体的时候，需要克服地球对物体的引力。那么，如果我们想要举起一个巨大的石头，应该怎么做才好呢？

　　我非常喜欢一本名叫《工具与机械原理》的书。当你遇到以下情况的时候，最适合看这本书了。例如，想知道钥匙开锁原理的时候；想知道捏闸时为什么自行车会停下来的时候，想知道用望远镜看世界的原理的时候，想知道马桶内部到底长什么样子的时候，以及想要动手尝试制作干电池的时候，等等。

　　在这本书中，讲过这样一个故事：一位博士去访问一个部落。在这个部落里，生活着一种体积巨大的猛犸。猎人们为了活捉猛犸，想了很多方法。最后，他们决定建造一座巨大的高塔，然后将一块

大石头推到塔的上方，把猛犸赶到塔的下面，然后用大石头去砸猛犸的头，将它砸晕过去。

可是，在这个过程中，出现了一个问题。猎人们想不出用什么办法，能够将巨大的石头举到高塔的上边。

博士想了一会儿，建议他们不要建造高塔，而是用黄土堆成一个斜着的土坡，然后将圆形的大石头沿着斜面滚到土坡的最高点。猎人们听了博士的建议后，纷纷表示怀疑。

那么，你认为博士的想法是不是合理呢？是直接将大石头从地面举到高处省力，还是将石头沿着斜面推到高处更加省力呢？

答案是，将石头沿着斜面推到高处会更加省力。

我们通常把这个土坡称作斜面。斜面既不是什么机械，也不是什么了不起的发明，只是运用了它本来的外形特征而已。

可是，神奇的是，如果通过斜面来举起物体，就会省很大的力气，好像是骗过地球的引力将物体轻松地举起一般。

不管直接将石头举起，还是利用斜面将石头举起，石头本身的重量都是不会改变的，地球对石头的引力也是不会改变的。但是，如

果在斜面上将石头向上滚动，感觉上石头就会变得轻了很多，用的力气也会减少。

其实，从很早很早以前，人们就学会了利用斜面搬运物体的方法。在距今大约4000～5000年前，埃及人建造了巨大的金字塔，他们需要将无数巨大的石头运到高处，在那个时候，既没有起重机，也没有电梯，人们很可能就是利用土坡堆成的斜面，将大石头运到高处的。

 ## 在斜面上推高物体，为什么用力较少？

对我们来说，将石头直接举起和利用斜坡将其抬高是两件不同的事情。但是，对于科学家们而言，二者之间却没有什么区别。因为无论是将石头直接举起，还是滚动到斜坡上将其间接举起，最终都是上升到了同样的高度。在科学中，并不考虑费力的多少，而是称为做了相同的"功"。

在物理学中，我们通过推、拉、举等动作，对一个物体施加力，并使其发生运动，叫作对这个物体用"功"。

比如说，你背起弟弟是在做功（这是非常好的功）；你和别人吵架的时候，从后边推倒他，也是在做功（这个功可就不好了）；我们用勺子吃饭是在做功；把糖块送到嘴里也是在做功……

这里说的"做功"，指的可不是爸爸妈妈在努力地工作。这里说到的功，是物理学中的一个概念。我们生活中的每一天，都会做各

种各样不同的功。

但是，如果你只是将椅子举在头顶（假设是别人帮你把椅子举起来的），这个过程就不算是做功。虽然你双手举着椅子，感到非常累，但是对椅子来说，你做的却不是功。不管你举多长时间，或者举着比椅子还要重的大石块，你所做的仍然不算是在做功。因为在物理学中，只有我们举起椅子，并使它的位置发生变化的时候，才能算是对它做功。而且，我们还可以计算出所做的功的大小。只要用椅子的重量乘以椅子位置变化的距离即可。

现在我们来看一下，为什么将球推上斜面的时候，用的力会小一些？假设我们要将石头举到距离地面5米高的地方，无论是沿着长长的斜面将石头推到这个位置，还是直接从地面将石头举到这个位置，由于石头最终移动的高度是相同的，所以这两个动作做的功是完全相同的。

但是，沿着斜面推动石头的时候，石头运动的时间更长，运动的距离也会更长。相应的，推动石头的时候用力就会较少一些。这就是重物变轻的秘密所在。

利用斜面增加石头运动的距离，就可以减少推动石头所需的力，从而轻松地将石头推到顶点。那么，我们不妨设想一下，是不是斜面越长，所需要的力也就会越小呢？

没错！斜面的长度增加两倍，推动的力量就会减为原来的一半；斜面的长度增加50倍，推动的力量就会减为原来的五十分之一。

但是，大家千万不要忘了，天下没有免费的午餐，自然规律也是如此。如果想要少花力量，就一定要增加推动的距离。前面故事中的博士教给猎人们的方法就符合了这个道理。

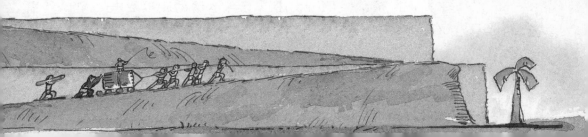

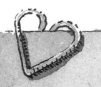

斜面的原理

我们来做个试验，举起重量为200牛顿（N）的一个石球。

从地面上直接举起石球和运用斜面将石球推到同样的地方，到底哪个更加省力呢？

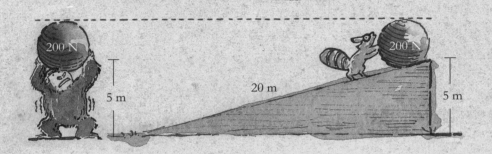

200 N
5 m
20 m
200 N
5 m

从地面上直接举起石球时　　　　　　利用斜面推动石球时

- -

从地面上直接举起石球时所用的功＝运用斜面推动石球时所用的功

从地面上直接举起石球时所做的功＝直接举起石球所用的力×石头运动的距离

200 N × 5 m = 1000 N・m

运用斜面推动石块时所做的功＝运用斜面推动石球时所用的力×石头运动的距离

□ × 20 m = 1000 N・m

□ = 50 N

- -

"在运用斜面推动石球时，由于石球运动的距离更长，所以所需要的力就会相对较小。"

在我们的生活中，每天都要使用到斜面。人们为了从一层轻易上到二层，所以发明了台阶。我们上台阶的时候，就等于是在斜面上运动，这比起直接沿着墙壁直上直下地上到二层会省很大的力气。

斧子中也有斜面。其实，斧子本身就是一个斜面，它是一种两个面都向中间倾斜的工具。当我们用斧子砍木头的时候，斧子的斜面就会插入木头的里面，从而轻松地将木头劈开。

剪刀中也运用了斜面，螺丝钉中也运用了斜面。我们在用螺丝钉往墙上固定东西的时候，钉子前面的尖头可以很容易地在墙上形成一个斜面，之后在转动螺丝的时候，便可以利用这个斜面，使螺丝钉更容易地固定在墙上。

斧子、剪子、螺丝钉……这些工具的原理其实都是相同的，它们都是利用斜面增加了运动的距离，从而减少了运动时所需要的力。即使是非常重的东西，利用斜面也可以比较轻松地把它运到一定的高度。

如果我们在生活中能够很好地运用这个原理，那么，即使你只是一个小学生，也能够拥有很大的力量！

用杠杆和滑轮搬动大猩猩

杠杆也运用了斜面的原理。杠杆和斜面一样，也可以用很小的力量跷起很重的物体。

杠杆看似简单，但却是一个非常伟大的发明。只需要一根结实的棍子，以及一个可以支撑棍子的石头，就能够做出最简单的杠杆来。

在杠杆中有三个点，分别是施力点（施加力量的点）、受力点（承受力量的点）以及支点（进行支撑的点），只要有了这三个要素，不管外形如何，都可以算作是杠杆。

受力点

游乐园里的跷跷板，也用到了杠杆的原理。跷跷板中也有施力点、受力点和支点三个点。如果跷跷板足够长，一个小松鼠也可以跷起大猩猩！

　　我们让体重很重的大猩猩坐在靠支点较近的地方，然后让小松鼠站在距离支点很远的地方，结果小松鼠跷起了大猩猩。

　　小松鼠只是坐在离支点很远的地方，并没有做其他的动作，为什么能够跷起那么重的大猩猩呢？

　　让我们来看看下面这幅图吧。小松鼠坐的位置离支点越远，跷跷板运动的幅度就会越大。这与在斜面上推动物体，运动距离越长就越省力的道理是一样的。

　　小松鼠和支点之间的距离越长，跷跷板运动的幅度也就越大，因此小松鼠就能轻易地跷起大猩猩来了。

　　滑轮也是一种杠杆，在滑轮中也隐含着杠杆的原理。

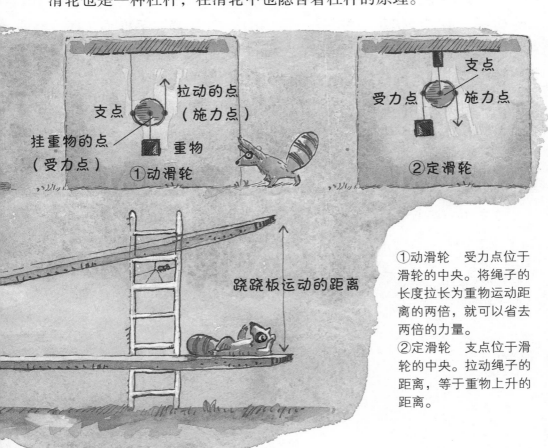

支点
拉动的点（施力点）
挂重物的点（受力点）
重物
①动滑轮

支点
受力点
施力点
②定滑轮

跷跷板运动的距离

①动滑轮　受力点位于滑轮的中央。将绳子的长度拉长为重物运动距离的两倍，就可以省去两倍的力量。
②定滑轮　支点位于滑轮的中央。拉动绳子的距离，等于重物上升的距离。

滑轮中也有施力点、受力点和支点三个点。在使用动滑轮的时候，为了让重物上升就需要将绳子拉动很长的距离。动滑轮运动的原理和将跷跷板的支点靠近一方的作用相同，只要拉长绳子的距离，所需要的拉力就会减小。

利用杠杆可以轻松地将重物提起来，但是有的杠杆却不是这样。这类杠杆不能帮助我们用很小的力气举起重物，但是却可以使用较小的力气，增加重物运动的距离。

在我们挥动棒球棒的时候，其实已经不知不觉地运用到了这个原理。这时候，球棒相当于受力点，你的手相当于施力点，而肩膀相当于支点。你的手腕只需要稍微用力，球棒就会大幅度地晃动起来。所以，用棒子击球，球飞出去的距离要比用拳头直接击球的距离远得多。

我们每天都要使用很多利用杠杆原理做成的工具。例如锤子、钳子、剪刀、天平、挖掘机、钓鱼竿、开瓶器、手推车、砸核桃的工具、铲子、指甲刀、镊子、自行车车闸、打字机、筷子、棒球棒……所有的这些都运用了杠杆的原理。

利用杠杆，我们生活的巨大的地球也可以被跷起来！当然，如果想要跷起地球，需要一根比银河系还要长的棍子。

如果真的能有这样一根棍子，你在银河系外面，只需要稍稍动一动手指，就可以轻松地跷起地球了。（想要把地球跷起1厘米，杠杆需要1000万光年的长度。）

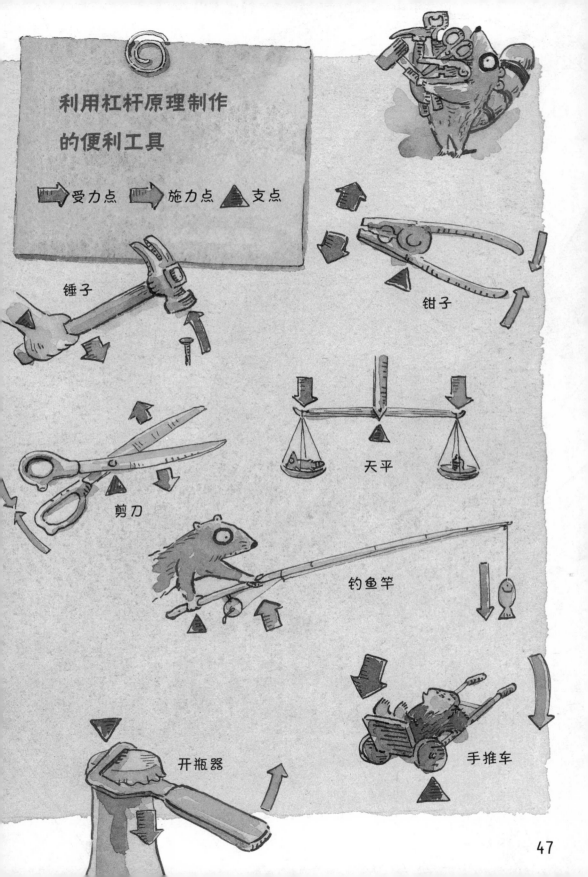

利用杠杆原理制作
的便利工具

➡️ 受力点　➡️ 施力点　▲ 支点

锤子

钳子

剪刀

天平

钓鱼竿

开瓶器

手推车

47

　　我们的周围充满了空气，当我们吸气的时候，空气会顺着我们的鼻孔进入体内，而当我们呼气的时候，空气又会从鼻孔离开我们的身体。我们常说"空气包围着我们"，包围着我们的空气是由无数气体分子组成的。

　　空气一刻不停地在运动着。气体分子不断和所有物体发生碰撞，气体分子和分子之间也在发生着碰撞。当你趴在地上看书的时候，无数的气体分子就在碰撞着你的身体。

　　气体分子的运动速度比喷气式飞机还要快，可以达到每小时1600千米。

　　我们每天被无数气体分子包围，并被它们撞击，但是，为什么我们丝毫感觉不到呢？我们既不会感到疼痛，也不会因此摔跟头。那是因为气体分子的体积非常小的缘故；如果把气体分子的大小放大到篮球那么大的话，它们的体积足以撑破整个地球。

　　由于气体分子的体积非常小，所以无论它如何撞击我们的身体，我们都不会有任何的感觉。单个气体分子体积很小，而且没有任何力量，但是，如果无数的气体分子聚集在同一个地方，同时发生数百万次、数亿次的撞击，那么就会产生极其强大的力量。气体分子相互撞击形成了一种力，这种力就是空气的压力。科学家们通过收集空气、挤压空气、加热或冷冻空气等各种方法，来观测空气是如何变化的。

压力、密度与体积像针和线一样不可分离

　　假如有一个铁罐，里面装满了空气，然后将铁罐密封起来。我们可以设想铁罐是透明的，而气体分子则可以用肉眼看得见。那么，我们就会看到气体分子在铁罐中到处乱撞的情景。它们不仅相互撞击，而且还不停地撞击铁罐的内壁。

　　之后，我们将更多的空气注入铁罐里。此时铁罐的体积不变，而

铁罐中气体分子的数量就会大大增加。我们将这种变化，称为密度增加。密度增加是由于气体分子的数量增多，更多的气体分子挤在一起。由于铁罐的体积没有发生改变，所以同样的空间里气体分子的数量增加以后，气体分子对铁罐内壁的撞击就会更加剧烈。随着撞击变得剧烈，压力也就随之增加了。

相反，如果铁罐里的气体分子数量减少，气体分子对铁罐内壁的撞击就会减弱，这样一来，铁罐中的压力就会变小。

现在，我们将铁罐压瘪（铁罐中的气体分子依旧没有离开铁罐）。这时候，虽然空气的体积没有改变，但是由于铁罐被压瘪以后，气体可以活动的空间变小了。因此，铁罐中的气体分子对铁罐的撞击也会变得更加频繁和激烈。

在这种情况下，气体分子的数量不变，但是铁罐体积减小，这样也会增加铁罐内空气的密度，使铁罐内的压力增加。

这时我们再来对铁罐进行加热处理。铁罐被加热之后，铁罐内气体分子的运动会变得更加剧烈，气体分子对铁罐内壁的撞击也会变得更加强烈，更加频繁。因此，增加温度也会让压力增加。

在以后的学习中，大家一定会经常听到"压力、密度、体积"之类的词语。当你们学习和气体有关的知识时，这三个条件就像针和线一样，密不可分。当温度和密度增加的时候，压力就会增加；而当体积增加的时候，压力就会减弱。

气体分子不停地运动、撞击，形成了压力。不知道你们以前对空气的压力有没有产生过兴趣，也许对你们来说，这只不过是一个教科书上出现的概念而已。不过，从现在开始，希望你们能够集中精力，和我一起来学习有关压力的知识。

小时候，我曾经用铁罐做过一个实验，这个实验的结果会让你们感到十分吃惊，另外还可以观察到特别有趣的结果。希望大家也一起动手来进行这个实验！不过，这个实验需要用到煤气灶，所以做实验的时候，一定要有家长在身边。

首先，在锅里放一些热水，然后将一个空铁罐放进锅里。之后，打开煤气灶，将水煮沸。等水煮沸以后，将温度很高的铁罐立刻拿出来迅速盖紧盖子，然后放进冷水中，这时候会发生什么样的事情呢？

你会听到铁罐发出"砰"的一声响，然后就扭曲变形了。

现在大家平静一下心情，来想想其中的原理吧！我们并没有动手捏它，它为什么会扭曲变形呢？

　　前面我们讲过，气体分子永远处于运动的状态。在这个实验中，开始的时候铁罐内和铁罐外的气体分子，以同样的速度撞击着铁罐的两侧。

　　但是，当铁罐被加热以后，罐内气体分子的运动速度就会变快。由于运动速度加快，一部分气体分子就会冲出铁罐。（紧贴着铁罐外侧的气体分子，运动速度虽然也有所增加，但是很快会和外围的气体分子混合在一起。）

　　此时，铁罐内的气体分子数量减少，但是它们的运动速度却更加快速和激烈。这个时候如果突然将铁罐盖紧盖子放进冷水里，铁罐的温度会迅速降低，而铁罐中气体分子的运动速度也会随之迅速减慢，同时由于气体分子减少，铁罐内的压力减小。

　　然而，铁罐外部的分子的数量并没有减少，压力也没有变化。这样一来，铁罐就会由于内部气体分子数量减少，压力减小而力量变弱，被外部气体分子撞击和挤压得扭曲变形了。看，空气的力量是不是很强大呢？

　　在一般的情况下，铁罐内部和外部的气体分子对铁罐的撞击是相同的，因此会形成相等的压力。由于力量均衡，所以铁罐不会发生扭曲变形的情况。但是，当这种均衡状态被打破的时候，气体分子的力量就会发生很大的变化，从而导致了铁罐的扭曲变形。

托里拆利和水井之谜

托里拆利（1608-1647）
意大利物理学家

一般情况下，我们都不知道空气的力量到底有多大。在地球上，存在着大量的空气。不管我们身处哪里，去哪个国家旅行，都不会出现因为没有空气而感到难受的情况。

即使我们登上高山，那里空气稀薄，令我们感到呼吸困难，但那里也是存在着空气的。就算你登上了最高的珠穆朗玛峰，那里也依旧有空气。

空气即使来到很高的地方，气体分子仍旧不会停止它们的运动。如果气体分子不会运动，而是像灰尘一样落在地上，那我们岂不是要像乌龟那样爬行才能呼吸到地面的空气了吗？

不过，幸运的是，气体分子在永不停息地运动着，而且在不停地相互撞击着。通过这样相互的撞击，可以让它们运动到距离地面30千米的高空。地势低的地方，空气会更多；越高的地方，空气就会变得越稀薄。

如果你现在躺在地面上，那么，在你身体上方30千米的空间里，都充满了空气。也就是说，这些空气都压在你的身上（30千米可是

比三座珠穆朗玛峰加在一起还要高的高度）！30千米高的空间里的空气，它的重量该有多重呢？你有没有感受到它的重量呢？

在很早很早以前，有一个叫托里拆利的人，他对空气的重量十分感兴趣。他生活在距今300多年前的意大利。在当时，人们还不知道空气是由分子、原子等物质构成的。

托里拆利是伽利略的学生，当伽利略年老体弱的时候，托里拆利就住到了他家，成了他的学生和助手。托里拆利不仅帮助伽利略处理各种事务，还和他一起学习，并发展了伽利略的研究成果。

有一天，伽利略给托里拆利讲了一个有趣的故事。有一个和伽利略很熟的工匠，来找伽利略帮忙。原来，这个人挖了一口水井，但是无论如何水都抽不上来。

伽利略往井底看去，发现井底有很多水，手摇的抽水泵也没有任何问题，但是就是无法抽出水来。到底哪里出了问题呢？

伽利略考虑再三，发现水之所以抽不上来，是因为水井挖得太深的缘故。于是，伽利略又挖了几口井，进行了几次试验。他发现，如果井的深度超过了10米，水就不能被抽出来。那么，为什么会偏偏是10米呢？不幸的是，伽利略还没有揭开水井之谜就去世了。于是，揭开水井之谜的任务就落在了托里拆利的身上。

托里拆利开始了水井之谜的研究，为什么超过10米以后，水就抽不上来了呢？他认为，这一定和空气有关，是空气压住了水面让水不能被抽上来。

在很长时间里，人们都会使用抽水泵，但是谁也不知道，为什么抽水泵能够将水从井里抽出来。

托里拆利认为，由于空气从外部压着井里的水，如果用水泵将空气抽走，水就会填满空气的位置，水就这样被抽了出来。空气虽然压着水面，但是一直到10米深的地方，水泵的力量仍旧可以将水抽出来。

托里拆利为了证实这个观点，进行了很多实验。但是，他无法找到一根长达10米的玻璃试管。于是，托里拆利用水银代替水来进行实验。由于水银的重量要比水重很多（体积相同的水银的重量是水的13.6倍），因此想要抽起水银，要比抽起水更加费力。这样一来，用一个比较短的试管就可以完成这个试验了。

托里拆利将一个装满水银的玻璃管倒着放在一个装满水银的大碗里，然后观察玻璃管里水银柱下降的变化。他发现，当水银柱下降到高于碗中水银面76厘米的时候，水银柱便停住不动了。

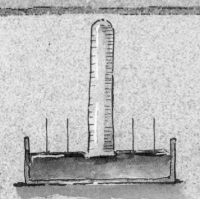

1 由于空气压着碗中的水银，因此，按道理水银会向玻璃管中流动，玻璃管中的水银柱应该会上升。

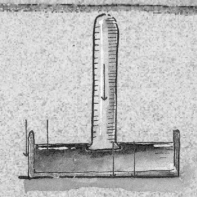

2 但是，由于玻璃管里的空气也以同样的力向下压着水银，所以水银无法上升到玻璃管里。如果想准确计算空气的压力，在这个实验里，需要使用真空的玻璃管。

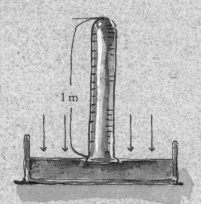

1 m

3 由于无法制作出完全真空的玻璃管，所以托里拆利用装满水银的玻璃管来代替。通过观察水银柱的下降，来得到结果。

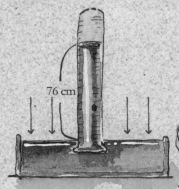

76 cm

4 由于空气压着碗中的水银，所以水银不能完全流出玻璃管。在到达76厘米的地方时，水银停止了流动。

"空气的力量，相当于托起76厘米高的水银柱的力量！"

200 kg

　　无论他怎样倾斜玻璃管，玻璃管中水银柱都保持在76厘米的高度。由此他得出了这样的结论：空气的力量，相当于托起76厘米高的水银柱的力量！

　　空气的力量在地球的任何地方都会产生一种压力，我们将其称为大气气压。大气气压可以托起76厘米高的水银柱，托起10.3米高的水柱。（如果有一个非常大的玻璃管，大家也可以亲眼见到空气托起10.3米水的景象。）

　　如果知道托起76厘米高的水银柱的力量，就可以计算出地球上空气的重量。按照这个方法计算，桌子上的空气有1万千克，而我们头顶的空气也有200千克。

　　为什么我们头顶上顶着这么重的空气，而我们却一点儿也不觉得累，躺在地上的时候也不会觉得胸口憋闷呢？这是因为，身在空气中，我们是无法感受到空气的重量的。

　　地球上的生物，已经在空气中生活了数十亿年。最开始的生物，只是简单的单细胞生物，随着自然进化，不断变得复杂起来。在这个过程中生物已经充分适应了空气的压力。由于非常适应，所以我们就感觉不到空气的重量了。

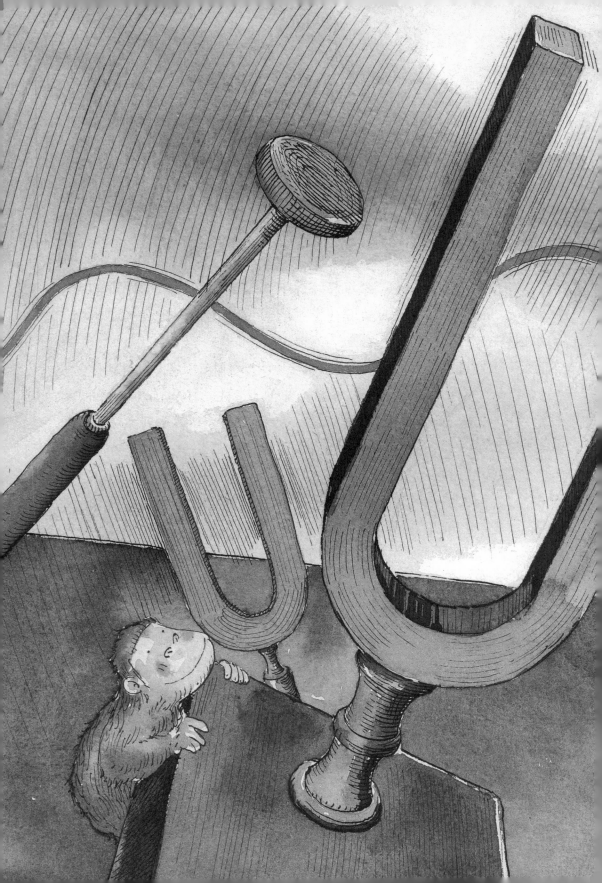

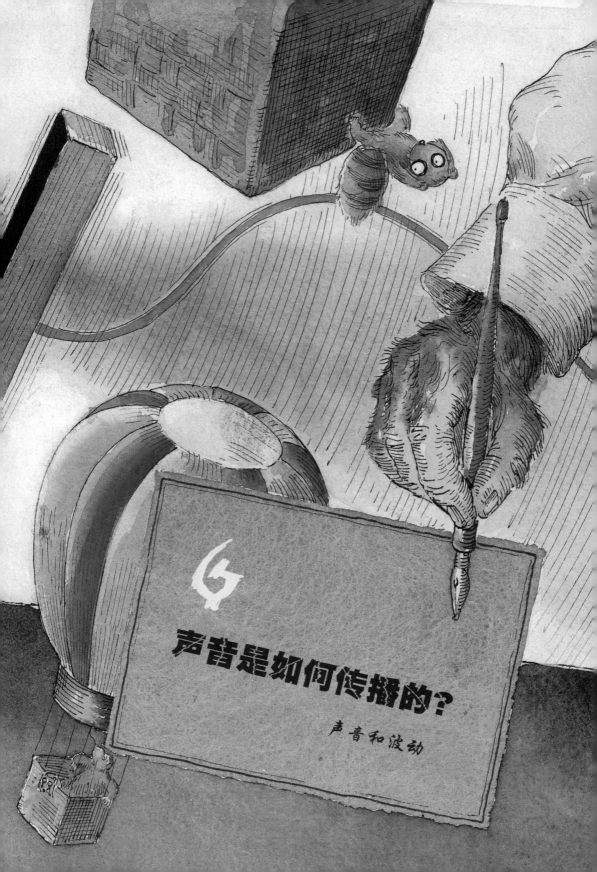

声音是如何传播的？

声音和波动

今天，你是不是也听到妈妈唠叨你的声音了呢？如果没有那最好了！

现在开始，我们要开始学习每天都能听到的"声音"了。我们每天不仅会听到很多声音，也会发出很多声音。世界上除了妈妈唠叨你的声音以外，还有无数种声音。如果世界上的声音只有一种唠叨的声音，我们该是多么伤心和郁闷啊！

幸运的是，世界上还有很多美妙的声音，很多听了以后能够让我们心情愉悦的声音。比如笑声、歌声、海浪的声音、鸟儿鸣叫的声音等，听了这些声音，我们会变得高兴起来；同样，听到朋友叫我们去玩儿的声音，当然更是兴高采烈了；而听到轰隆隆打雷的声音时，我们又会感到害怕。

即使你无法听到声音，也无法发出声音，这都没有关系，因为你同样可以了解到声音的秘密。声音里也有秘密吗？当然了！如果你充满了好奇心，就一定也会对声音感到好奇。声音里也充满了各种有趣的秘密，让我们一起来看一下吧！

大家认为，声音是靠什么传播的呢？我们移动的时候，要乘坐火车、汽车、自行车等交通工具，那么，声音为了移动，当然也需要一些传播的介质，如同我们离开了交通工具就没法远行了是同样的道理，声音离开了介质也无法传播到我们的耳朵里。

在学习科学知识的过程中，我们对日常生活中看似理所当然的事情，也应该进行仔细的思考。举例来说，如果你扔出去一块小石子，那会发生什么样的事情呢？

答案非常简单，小石子会飞向这里或哪里，有可能打碎花盆，也有可能打到过路的叔叔的后脑勺。

我们先不考虑扔出小石子后会造成什么后果，而是先来研究一下小石子飞行的过程。

所有物体在发生运动的时候，位置都会发生改变。如果你扔出小石子，小石子一定会从近处飞向远处；如果你迈开双腿跑步，腿也会从这里移动到别的地方；你流眼泪的时候，眼泪会从脸上流下来；刮风的时候，空气发生运动，将树叶吹得哗哗乱响。无论如何，只要物体发生运动，位置就一定会发生改变。

现在，我们向池塘里扔一块小石子。当小石子掉进水面的时候，会发出"咚"的一声响，然后会有水波荡漾开来。

当水荡漾开来的时候，你会看到什么现象呢？是什么向着你的方

向运动过来了呢？

是水向你涌过来了吗？不是的！其实，水只是在它原有的地方，上下波动而已，它并没有涌到你的面前来。

如果你不相信的话，可以用一片叶子来做一下实验，结果你会发现，叶子漂在水面上只是随着水波的晃动而上下晃动，它并没有来到你的面前。

那么，没有任何东西靠近我们吗？也不是，向我们靠近的不是水，而是某种"运动"，我们将这种运动，称为"波动"。

波动是由震动产生的，波会随着振动向侧面（或四面）扩散开来。

等等！波动的问题还没解决，怎么又出现振动了呢？一下子介绍了这么多新知识，会不会让你觉得头疼呢？

不过，如果我们想要了解有关波动的知识，就一定先要了解振动。波是以振动的形式传播，有了振动才有波动，波动和振动之间是联系密切，不可分割。

那么，究竟什么是振动呢？振动是物体状态在改变的过程，即通过一个中心位置，不断地做往复运动。当刮风的时候，树叶被吹得哗哗作响，便是发生了振动的缘故，是树叶在振动。你在一个地方重复站起和坐下，也是一种振动；你将双手在身体前来回晃动也属于振动，另外点头和摇头的动作也是振动。总体来说，是振动形成了波动，然后通过波动再不断地向周围传播，

你们是否看到过，在足球比赛时观众席上的人浪表演呢？一个人站起来再坐下，旁边的人紧跟着也站起来再坐下，每个人都重复同样的动作，依次这样做下去，便形成了连续不断的人浪。这一情景

就可以形象地解释波动的原理。

　　每个人只是在自己的位置上站起、坐下，他们并没有向旁边运动，但是由于所有人的动作连在了一起，看起来就像是产生了波浪一样。如果你站在人群的最末一排来观察人浪，你就会感到好像"波浪"是向着你的方向涌过来一样。

　　同样的道理，在你向池塘里扔石头的时候，就会产生水波，向你涌来的正是这种水波。水也只是在自己原有的位置上下晃动，并没有流到你的面前来。

　　我们也可以自己动手来制造波。你可以将绳子的一头绑在一个柱子上，然后用手抓住绳子的另一头，然后上下晃动绳子，你会看到绳子在不停地上下摆动。

　　波动就是这样产生的。

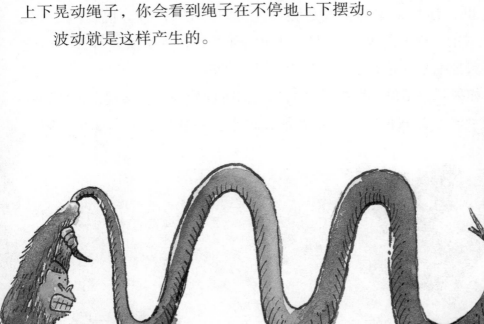

传到我们耳边的是声波而不是声音

你是不是感到奇怪，原本我要向你们介绍声音的秘密，怎么一直在说有关波动的话题呢？这是因为，声波也是一种波动。

妈妈在唠叨你的时候，并不是唠叨的声音本身传到了你的耳朵里，而是声波传到了你的耳朵里。你踢球的时候，听到"咚咚"声，也是由于声波传入了你的耳朵。

那么，我们究竟是如何听到声音的呢？

妈妈在唠叨你的时候，妈妈的声带发生了动作（也就是振动），声带的振动使周围的空气也发生了振动。一个点上的空气振动，又会引起旁边的空气振动，之后又会让再旁边的空气振动……振动就这样不断地向外扩散开来，就形成了声波。最终，声波会传入你的耳朵里。你耳朵里的空气也会发生振动，最后引起耳膜（也叫鼓膜）振动，这种振动经过听小骨及其他组织传递给听觉神经，听觉神经再把信号传给大脑，这样你就听到了声音。

如果耳朵里的耳膜振动较大，我们听到的声音就会很大；如果耳膜振动较小，我们听到的声音就会很小。一般情况下，如果耳膜在

声带发生振动

空气发生振动

一秒钟内振动的次数较多，那么我们听到的声音就会比较高，如果耳膜在一秒钟内振动的次数较少，那么我们听到的声音就会比较低。

　　科学家们将每秒钟振动的次数称为声音的频率，单位是赫兹。我们人类的耳朵能听到的声波频率为20～20000赫兹。因此，当声波的振动频率大于20000赫兹或小于20赫兹时，我们便听不见了。

　　有些声波振动频率过快，近似作直线传播，这种超过我们能听到的最高频率（20000赫兹）的声波，称之为"超声波"。而那些低于我们能听到的最低声波频率（20赫兹）的声波，称之为"次声波"。我们听不到的声波被广泛地应用到技术部门中，如在医院里，医生利用超声波可以更准确地获得人体内部疾病的信息。

　　人类的耳朵听不到超声波，但蝙蝠和海豚不仅能听到超声波，还可以发出超声波。蝙蝠靠超声波可以探测出飞行中遇到的障碍物，还能发现昆虫。而通过对海豚的研究，人们发明了声呐。利用声呐系统，我们就能知道海洋的深度了，渔民们也能利用声呐获得水中鱼群的信息。

空气发生振动

声波传入耳朵中

　　世界上有很多非常优美的声音，当然也有很多刺耳的、令人厌恶的声音，就像每个人的面孔都各不相同一样，所有的声音也是不一样的。但所有的声音是可以被分类的，例如打雷的声音、钢琴的声音、妈妈唠叨的声音、狼吼叫的声音……这些声音都可以在纸上画出近似的波动线，不同的只是线的高低、长短、弯曲程度之间的差别而已。

　　正因为这些差别，世界上才出现了各种各样的声音，有令人感到幸福的声音，有使人伤感的声音，还有让人害怕的声音，当然也有能给人带来快乐的声音！

 ## 声音通过空气、水和金属传播

　　我们已经了解了声音的一些秘密，现在，我们来了解一下声音是如何传播的。

　　声音必须通过某种物质才能够传播，在物理学上把这样的物质叫做介质。就像你想去某个地方，一定要坐汽车或骑自行车一样，声音也必须通过某种物质才能够传播到别的地方去。

　　首先，声音可以通过空气进行传播。如果没有空气向外传播，我们就听不到任何声音。假如乌云和我们耳朵之间没有空气，那我们就听不到打雷的声音了。也就是说，在没有空气的真空条件下，我们不会听到任何声音。

　　另外，声音还可以通过水、树木、土壤、石头，甚至是铁块儿传

播。越坚硬的物体，越有利于声音的传播。水传播声音的能力比空气强，而铁块传播声音的能力则比水更强。声音在空气中的传播速度是每秒340米，在水中是每秒1500米，而在铁块中则是每秒5200米。

我们来一起做个小试验吧！

让我们来仔细听一听时钟发出的滴答滴答的声音。我们会发现，听到的声音好像时有时无。现在，我们把时钟放在桌子上，然后把耳朵贴在桌面上，再听一次。这时我们会发现，听到的声音比刚才听到的更大了。这是因为和空气相比，桌子传播声音的能力更强。

你知道吗？鲸鱼在水中，可以和相距几千米以外的朋友进行交流。鲸鱼发出的"哔哔"声，可以随着海水传播到很远的地方。

在很早很早以前，印第安人就发现，如果把耳朵贴在地面上，能够更清楚地听到远处的声音。因此，印第安人在判断敌人是否进攻时，就会将耳朵贴在地面上，这样便能听到远处传来的敌人的脚步声。

贝多芬在耳朵变聋之后，为了能够听到钢琴的声音，总是随身带着一根木棒。他将木棒的一端顶在钢琴上，然后将另一端叼在嘴里，这样他就能"听"到自己演奏的琴声，从而继续进行创作了。（即使外耳受损，声音也可以通过木棒和头骨传播到听觉神经，让人"听"到声音。）

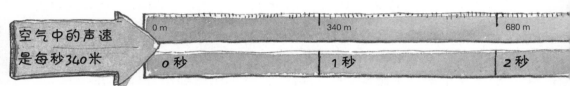

空气中的声速是每秒340米

| 0 m | 340 m | 680 m |
| 0秒 | 1秒 | 2秒 |

通过这个实验和一些事例，证明声音可以通过空气、水、铁、骨头、土壤和石头等各种物质进行传播，并且越坚硬的物质，传播声音的速度就越快。

在我们结束声音的故事之前，我要为你们送上一根巨大的"自然之尺"。一般的尺子，长度在20厘米左右，即使是很长的卷尺，长度也不过5米左右。但是我想送给你们的尺子，要比它们长出百倍千倍。你不用随身带着它，也不同担心它会丢失，因为这个尺子，就是我们随时能够听到的声音！

声音1秒中可以传播340米(在温度为15℃，比较干燥的空气中)。如果我们知道了这个事实，就可以随时随地利用声音做尺子来测量距离了。

让我们一起来看看这把声音大尺是否好用吧！

如果今天正好是一个打雷下雨的日子，那就再好不过了。因为这

1020 m	1360 m	1700 m
3秒	4秒	5秒

个实验一定要在打雷下雨的时候才能进行。

当我们看到闪电的时候，赶快看一下钟表，记住当时的时间。当我们听到雷声的时候，再看一次钟表，然后计算出闪电和雷声中间间隔的时间，这样我们就能计算出闪电发生的地方距离我们有多远了。如果闪电过后10秒才听到雷声，就可以计算出，闪电发生的地方距离我们3400米。如果发生了雷电交加的情况，我们还可以计算出来，闪电发生的地方是离我们越来越远，还是越来越近。如果闪电发生的地方离我们越来越远，就可以松一口气了！如果闪电发生的地方离我们越来越近，还是赶快躲到被窝里去吧！

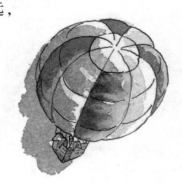

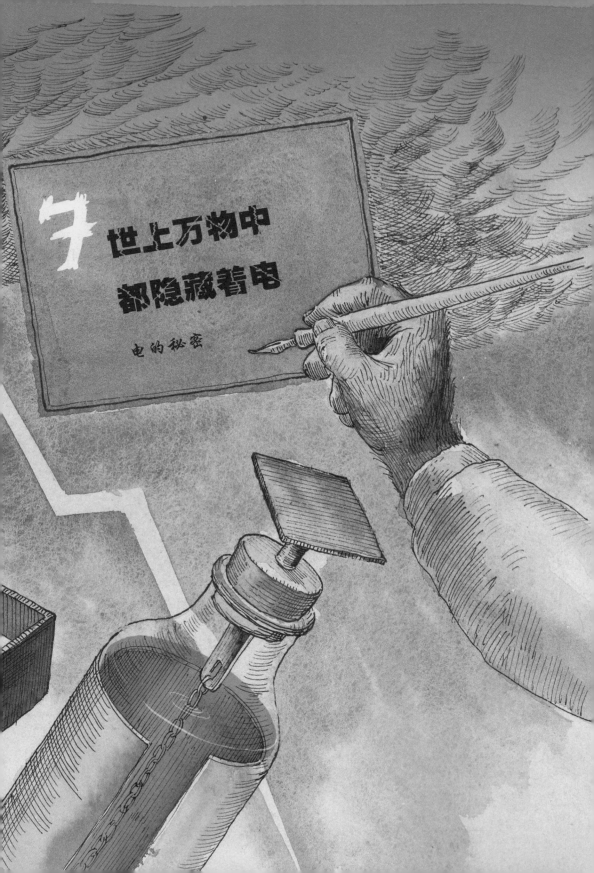

　　上学时，我曾经在学校里学过如何用小灯泡做实验。实验用具包括一个小灯泡、一节干电池和一根电线。用电线将小灯泡和干电池连接以后，小灯泡就会亮起来。

　　说实话，在进行小灯泡实验之前，我对电并没有太大的兴趣。我认为，电只不过是发电厂发出来的，或者是电池里才有的东西罢了。我想，你们现在的想法大概和我当年的想法差不多吧，即使你们对电有一些好奇，但是电究竟是什么东西，你们还不是真正的有所了解吧！

　　在你们的眼里，小灯泡是不是显得微不足道呢？

　　如果你们了解了小灯泡中的秘密，相信你们就一定不会再觉得它微不足道了！

　　当我听到了一个关于电的故事，知道了电究竟是什么东西以后，我禁不住大吃一惊。原来电并不是科学家发明的，也不是一开始就是从发电厂产生的，而是它一直就存在在浩瀚的宇宙之中。这是这个世界众多秘密中，一个历史久远的秘密。

　　电承载着宇宙的秘密，在漫长的岁月中，隐藏在大自然的每一个物体之中。

　　每一个物体中都隐藏着电吗？那么，它到底隐藏在什么地方呢？

　　电隐藏在所有的物体之中，水滴里有电，盐粒里有电，我们的头发里也有电，云彩、大地、星星……宇宙中所有的物体中都隐藏着电。

电虽然隐藏在大自然中，但是，由于用肉眼看不见它，所以我们感觉不到电的存在。可能就连电自己做梦也没有想到，有一天它的存在会被人类发现。现在，科学家们就将电展现在了我们的眼前。（科学家们真的是太伟大了！）

　　那么，科学家们到底是怎么做的呢？

　　科学家们将隐藏在大自然中的电收集了起来，然后让它通过细长的电线进行传递，从而用电让小灯泡亮了起来。不仅如此，他们还建了发电厂，能够在那里发电，并利用电为人类的生活提供各种服务，电给人类带来了巨大的方便。

　　通过电，人的声音能够传到地球的另一端，火箭能够飞入太空，各种方便好用的生活物品也进入了千家万户。想象一下，如果现在没有了电，我们的生活将会变成什么样子？

　　让我们也来亲手做一下小灯泡的实验吧！首先准备一个1.5伏特的干电池，一根长长的电线，以及一个可爱的小灯泡。通过你的实验，小灯泡就会亮起来的。在这些看似简单的实验工具里，隐藏着人类历经2000多年时间才发现的秘密！

麻酥酥的电实验

　　电是无处不在的，同时它拥有着令人惊讶的力量。但是，在很长时间里，生活在地球上的人们，对电的秘密却一无所知。电存在于水滴、灰尘和头发中，虽然它们偶尔也会跳出来，例如小猫毛接触毯子的时候，用梳子梳头发的时候等，但是人们仍旧不了解电的真面目。

　　2500多年前的希腊，有一个叫泰勒斯的人。泰勒斯是最早对科学和哲学进行研究的人，是一位充满智慧的贤明之人。泰勒斯是第一个主张人类应该不断探索，发现自然中秘密的人（因此世界上才出现了学习这件事）。

　　2500多年前，不管遇到打雷、下雨、刮风，还是地震和火山爆发，又或者是遇上丰年或灾年，人们都认为这是由于神的喜悦和愤怒造成的。因此，当时的国王、祭司和学者们，都把精力用在研究"神的意志"上面，而泰勒斯则探索出了很多在当时是非常罕见的知识。

　　泰勒斯观察月亮和太阳的运动，学习几何知识，通过旅行不断地对大自然的秘密进行着思考和探索。他通过观察天空，预言了日食的发生；他不用亲自登上金字塔，就能够测量出金字塔正确的高度。但是，对于泰勒斯而言，大自然中仍有很多秘密是他无法理解的。

　　泰勒斯在琥珀中发现了非常神奇的现象。（琥珀是松科植物的树脂被埋藏在地下，经过几百万年的时间，变成像石头一样的块状物。）如果用动物的皮毛来摩擦琥珀，摩擦后的琥珀，就很容易和较轻的羽毛或细线相互吸在一起，好像琥珀里藏着某种神秘的灵魂一样。产生这个奇妙现象的原因，对于当时的泰勒斯来说，是无法弄明白的。

泰勒斯（约前624-约前547）
古希腊哲学家、科学家

后来，英国的一位医生又开始对神奇的"琥珀现象"进行了研究。他发现，除了琥珀以外，玻璃棒、纸张、梳子在摩擦后都会产生类似的现象，于是提出了"电力"、"电吸引"等概念。

在此之后，有越来越多的人开始对电产生了兴趣，甚至出现了很多把研究电当做兴趣的业余科学家。人们希望能够制造出比用琥珀摩擦皮毛而产生的更强的电。

德国一个名叫葛里克的人，发明了一个非常伟大的装置。他用硫黄制造出一个光滑的小球，用一根木棍穿过小球的中心。他用力地转动小球，然后将小球接近干燥的手掌，这时候小球就会发出大量的电，足以对手掌产生吸力。就这样，世界上第一个能够产生电的装置诞生了。

但是，通过这种装置产生的电，只能在瞬间产生，然后又会在瞬间消失。科学家们开始研究，能不能找出一种方法能够将产生的电聚集到一起。

荷兰物理学家米欣布鲁克发明了能够暂时聚集电的玻璃瓶，他将玻璃瓶中装入水，然后在水中插入金属棒，并在金属棒的末端绑上铁球。如果用力摩擦铁球，就会产生电，电通过金属棒进入水中，并且可以保留一段时间，这就是历史上著名的莱顿瓶（因为最先在荷兰的城市莱顿试用，因此而得名）。

在当时，年轻的绅士们喜欢带着这个瓶子，然后拿那些头上戴着华丽帽子的贵妇人开玩笑。莱顿瓶是世界上最早的可以收集电的装置，也可以算是蓄电池（电容器）之父。

在莱顿瓶非常出名的时候，美国有一个叫本杰明·富兰克林的人。他的父亲是一家肥皂厂的工人，他家非常贫困，所以没有钱让富兰克林上学。但是，富兰克林却从来没有停止过学习知识。不管走到哪里，他都努力地工作，并且坚持自学各种知识。他的好学受到了周围人们的尊敬。富兰克林做过很多事情，有很多的头衔，比如出版业者、媒体人、作家、政治家、外交官、科学家和发明家，等等。不过，他最喜欢的是科学和发明，他的一项重要的发现，在人类对电的研究历史上有着非常重要的意义。

富兰克林想，难道只有摩擦琥珀、梳子和金属的时候，才能产生电吗？为什么电产生的时候，总会伴随"吱吱"的声音和火花呢？天上出现闪电的时候也会出现类似的情况啊。于是，富兰克林脑子里出现了一个大胆的想法："难道闪电也是电吗？"

于是，在一个阴云密布、电闪雷鸣的日子，富兰克林便到室外进行实验。他将风筝用金属线放飞到天上，金属线的下端接了一段绳子，另外在金属线上他还挂了一串钥匙。

当时，人们都聚在一起，想看看富兰克林做的这个神奇实验。富兰克林说，云层中的电会顺着金属线一直通到末端，然后会和金属线上拴着的钥匙打出火花。

最早的发电装置

金属球

德国人葛里克发明的摩擦发电机
将小球转动后靠近手掌，便会有电放出。

硫黄球

荷兰物理学家米欣布鲁克发明的莱顿瓶
通过摩擦让金属球放电，并将电暂时储存在水瓶里。

本杰明·富兰克林（1706-1790）
美国科学家、政治家

怎么可能这样呢？人们都屏住呼吸等待着实验的结果。随着空中电闪雷鸣的加剧，拴在金属线上的钥匙，果真发出"咔嚓"一声响，并且打出了火花。

于是，有人也效仿富兰克林，开始了各种各样有关电的实验。有的人不了解云层中电的巨大威力，还因为这样的实验被烧伤，甚至失去了性命。（富兰克林没被烧伤真是万幸！）

富兰克林认为，电并不仅仅存在于特殊的物质之中，自然界中所有的物体中都有电。他向人们解释道：电存在于世间万物之中，它分为正电荷（＋）和负电荷（－）两种。（富兰克林是第一个使用正电荷和负电荷概念来解释电的人。）

当两个物体相互摩擦时，一个物体上的正电荷数量会增多，而另一个物体中的负电荷数量会增多。于是，物体间便会发出"吱吱"的声音，并出现火花，从而产生了电。

这样一来，科学家们终于开始揭开了电的秘密。但是，在当时，发电方法却仍然只有一个，那就是摩擦。这个实验，大家也可以动手完成。我们将这样的发电行为，称为"摩擦起电"。由于这样产生的电不发生运动，只是安静地存在于它产生的地方，所以又被称为"静电"，闪电就是云和云之间产生的静电。

像水一样流动的电

1780年，意大利生理学家伽伐尼在解剖死去的青蛙时，发现了一个惊人的现象！他解剖了一只青蛙后，随手放在了桌上的金属盘里。他的助手偶然用镊子触碰到了青蛙后腿上的神经，突然产生了火花，让死去青蛙的后腿抽搐了起来，好像是整条后腿都通了电一样。

伽伐尼感到十分吃惊，他意识到，眼前产生的电和两个物体摩擦时产生的电有着很大的不同。伽伐尼重新做了这个实验，并多方面地加以研究，之后他总结出动物本身内部存在着"动物电"。

伽伐尼有一个朋友叫伏打，他认为伽伐尼"动物电"的观点是不正确的，死去的青蛙身上怎么会产生电呢？他的观点是，伽伐尼看到的电，是由于镊子和金属盘接触发出的。由于青蛙被放在金属盘上，而助手又是用金属的镊子接触了青蛙的后腿。伏打认为这点非常重要！

两个人在很长时间内，一直就这个问题进行着争论。经过研究之后，伏打认为，两种不同的金属之间会产生电，而青蛙后腿的抽动是一种对电流的灵敏反应，这个电流是由于两种金属插在了由肌肉提供的溶液中，并构成了回路才产生的。

后来，伏打把铜和锌分别做成硬币一样扁平的形状，然后将铜币放在舌头上面，锌币放在舌头下方，然后同时让两个硬币发生运动。意想不到的事情发生了，他居然感到舌头有些麻酥酥的，这个瞬间可谓是一个伟大的瞬间！世界上最早的电池，就在伏打的嘴里诞生了！

伏打通过自己的实验证明，如果两种金属之间有水或盐水，金属之间的电就会产生流动。

　　伏打将沾湿的粗草纸放在铜币和锌币之间，做出了简单的电池。他发现，电会像水一样流动，因此，他将其称为"电流"。

　　摩擦琥珀和梳子时产生的静电，产生后会瞬间消失，但是电流却会持续从一端流向另一端。使用铜和锌会制造出更多的电，让电流动的速度更快。我们今天使用的干电池就是在伏打的发明基础上不断改进而成的。

　　那么，在伏打的口中，口水为什么会让铜币和锌币之间的电发生流动呢？

　　人们真正揭开这个秘密，是100多年以后的事情了。在这段时间里，科学不断地向前发展。原本不为人知的电，经过科学家们不懈地努力和研究逐渐展现在人们的面前，最终在19世纪人类发明了发电机。

　　电的原理究竟是什么呢？电是从哪里来的呢？电是如何从一端流向另一端的呢？

　　世界上所有的物质，都是由原子组成的。不管是沙子、苹果、玩

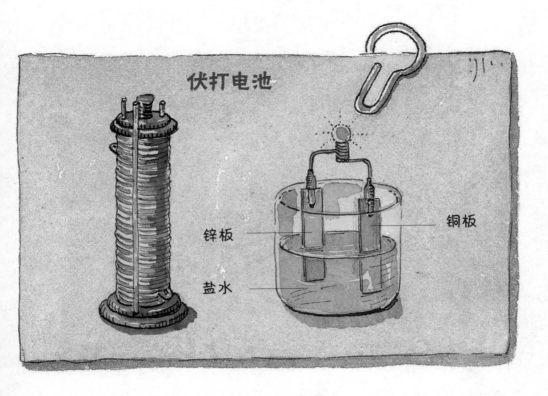

伏打电池

锌板

铜板

盐水

具、水滴，还是空气……如果把这些物质进行不断地分解，就会发现所有物质都是由体积极其微小的原子组成的。

电的真正秘密就隐藏在原子之中。原子是由原子核和电子组成的。在原子的正中央，有一个体积和重量相对较大的核，叫原子核。在原子核的周围，围绕着体积小重量轻的电子。

原子核带正电，电子带负电。电子围绕着原子核运动。

在通常情况下，原子核所带的正电荷与核外所有电子所带的负电荷的数量是相等的，因此整个原子呈中性，也就是说，原子对外不显带电的性质。

正电荷被固定在原子核上，因此想要运动会十分困难。但是，由于电子是围绕原子核进行转动的，因此，只要原子被摩擦，电子就会脱离原子核的吸引，向其他原子移动过去。

这样一来，一侧的电子数量就会增多。为了重新回到原有的均衡状态，电子就向着原来的位置蜂拥而至。这时，就会产生让头发

原子中电的秘密

原子由原子核和围绕在它周围运动的电子组成。原子核带正电（＋），电子带负电（－）。

核　电子

核

一般情况下，正电荷和负电荷的数量相等，因此对外呈现不带电性质。

当原子和原子相互碰撞的时候，电子就很容易摆脱原子核的吸引，向其他原子移动。

一侧的电子就会增多。电子增多的一侧就会带负电（－），而失去电子的一侧就会带正电（＋），于是它们便会相互吸引，这时就能够产生让头发竖起来的静电了。

总之，电是由于电子没有被束缚在原子核上，而是围绕着原子核运动而产生的。

竖起来的静电。当所有的电子都回到了原来的位置时，静电就会消失，头发也会重新贴在头上。

伏打电池产生电流也是同样的道理，是由于电子从铜币向锌币方向运动的缘故。金属的原子核无法牢固地束缚住电子，因此金属中的电子非常不稳定，容易发生运动。而塑料、玻璃、石块等物体的原子核，能够紧紧地束缚住它周围的电子，因此它们的电子就不会像金属中的电子一样容易运动，所以这些物体不容易导电。

我们把像金属一样，电子容易移动因而能够导电的物体，称为导体；而玻璃、木头等不善于导电的物体，称为绝缘体。

小灯泡和电池连接在一起的时候，为什么会发出光亮呢？电池中到底发生了怎样的变化呢？

我们可以发挥自己的想象力，来设想一下其中的变化。当我们按动开关的时候，电子就会开始进行剧烈的运动。虽然我们用肉眼看不到它们的运动，但是电子会从电池中流动出来，经过电线，再流动到小灯泡中，从而让小灯泡发出光亮。

那么，电子又是如何点亮小灯泡的呢？在小灯泡里，隐藏着比原子和电子更小的世界。科学就像俄罗斯套娃一样，在一个娃娃里面还藏着另一个娃娃，打开一个小的娃娃，还会看到更小的娃娃。科学家们为了不断寻找更小的娃娃，一直在不断地进行着探索。

8

磁石为何能吸引铁钉?

地球和磁石

　　16世纪50年代，意大利有一个名叫波尔塔的人，写了一本非常神奇的书，这本书非常厚，名字叫做《自然魔法》（光看书名就已经令人眼馋了）。

　　在这本书中，记录了从很久以前开始，一直传到当时的所有的神奇故事，包括神奇的动物、植物、草药、炼金术、食物、宝石、石头等有关故事。书中还介绍了大自然中各种各样有趣的知识和秘密，并介绍了在日常生活中，人们应该如何运用这些知识的方法。

　　当时那些迂腐的学者和地位尊贵的神职人员，对这本书并没有太大的兴趣。但当时的医生、商人、工匠等一般百姓却非常喜欢这本书。开普勒、培根、牛顿等伟大的科学家们，也都曾经读过这本书。

　　在这本书中《不可思议的磁石》一章中，他这样写道：

　　　　……在众多石头中，最重要的、最值得我们称赞的，要数磁石了！磁石中蕴含着大自然的法则。世界上还有什么东西，比磁石更令人惊奇吗？

　　这本书中，记载着有关磁石的知识，同时还记录了一些关于磁石的奇异传闻。从中我们可以看出，在当时人们的心中，磁石是多么神秘的物质。不过，这些内容在我们现在看来，有的是正确的，有的却是错误的。

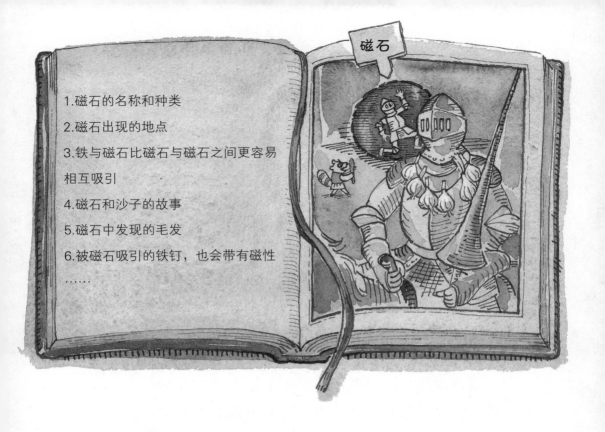

磁石

1.磁石的名称和种类

2.磁石出现的地点

3.铁与磁石比磁石与磁石之间更容易相互吸引

4.磁石和沙子的故事

5.磁石中发现的毛发

6.被磁石吸引的铁钉，也会带有磁性

......

磁石中充满了神奇的力量！如果你不相信的话，不妨想一想，磁石没有做出任何动作，但却可以把铁钉吸引过来；用磁石做出的冰箱贴，可以牢牢地贴在冰箱上。这可不是谁都能做到的事情！

相信大家都很喜欢魔术。魔术非常有趣，但是魔术中却没有什么神秘的秘密，因为大家都知道魔术只不过是一种"骗术"而已。但是，磁石的力量却是真实存在的，磁石具有的神秘力量可以真真正正地吸住铁钉，而不会像魔术一样依靠任何的道具。

磁石为什么会具有这种神秘的力量，这其中的原因科学家们到现在为止也还没有全部解开其中的秘密。

啊，现在还有科学家没有解开的秘密！这个事实让我感到十分高兴，如果科学的所有事实都已经被揭开，那么科学就没有那么神秘了，它就不再是了解自然的一把神秘钥匙，而只是一门枯燥的学问了。

大家不要认为，科学学起来非常困难，因此对科学产生畏惧的情绪。没错，科学是非常难的学科，但是，如果我们能够像以前的科学家那样，对各种事物都充满了好奇，并且一点一点地去揭开科学的神秘面纱，我们也能掌握科学知识。

不过，大家一定要记住，科学并不是死记硬背的知识。如果你对科学怀有这样的态度，相信你是什么也学不会的！

我们还是接着来了解磁石吧。磁石比魔术更加神秘莫测，磁石到底是如何吸引铁钉的呢？磁石中既没有住着妖怪，又没有住着精灵，那么它为什么能够将铁钉吸引过来呢？大家可能从小就见过很多的磁石，因此不会觉得它有什么神奇的地方。不过，相信大家听了以下的故事后，态度就会发生改变了。

大家可以将自己想象成一个从未接触过磁石的人。在这个故事里，你是一个生活在很久以前，在某个在山坡上放羊的牧童。你赶着羊群，让它们在山坡上自由自在地吃草。你的爷爷怕你爬山的时候脚下打滑，就在你的鞋底安上了铁做的鞋钉。

有一天，不可思议的事情发生了。你在爬山的时候，一块石头好像抓住了你的脚一样，让你动弹不得。你越是想迈开脚步，石头就

越是拉着你，让你迈不动步子。在这个山坡上，没有其他任何人，只有你和羊群，为什么会出现这样的情况呢？

在距今2500多年前的土耳其，生活着一个放羊的少年。在他的身上，真的发生了这样的事情。放羊的少年感到非常害怕，哆哆嗦嗦地跑下山去。回到家之后，少年把这个奇遇告诉了周围的人们。人们便来到山上，找到了少年所说的地方，在那里挖出了一种红黑色的石头。

这块奇怪的石头不仅能够吸引铁做的东西，被它吸引过的铁钉，还可以吸引其他的铁钉。真是太神奇了！在那以前，人们从没有见过这样的现象。而现在，他们亲眼见到铁钉"啪"的一下自己贴近了这块石头。后来，人们才知道这块奇怪的石头是磁石。

当时，所有人都不知道这块石头究竟为什么会有如此神奇的力量。于是，人们认为这块石头具有包治百病的神力，就把石头弄碎，做成护身符戴在身上。而那时候，磁石的价格甚至要比金银还贵。磁力强的天然磁石，更是被人们当成了价格不菲的宝贝。

男人们把磁石放在妻子的枕头下，他们认为，如果妻子做了对自己不忠的事情，枕头下的磁石就会发出神奇的力量，整晚折磨不忠的妻子。所以，在当时，如果一个女人整夜睡不着觉，又从床上掉了下来，就被判断一定是做出了对丈夫不忠的事情；而如果妻子安安稳稳地睡觉，没发生任何事情，丈夫们就可以安心了。

小偷们也很喜欢磁石，他们认为在偷东西之前把磁石贴在主人家外面，这家人就会魂飞魄散，他们就可以尽情地进到屋子里偷东西了。

有关磁石的神奇故事还远不止如此，人们还传说在北方的天空下有很多磁石，磁石白天的时候力量大，到了晚上力量就会减弱；磁石的力量变弱以后，只要用鹿血擦拭磁石，它的力量就会恢复；用磁石还可以驱走恶魔，等等。

你们会不会觉得过去人们这样的想法非常可笑，简直像傻子一样呢？我小的时候也这么认为。我认为古代人们的想法都非常愚蠢，我们根本没有必要去了解他们的想法。但是，现在我才发现，自己的想法才是非常愚蠢的！如果我能再次回到小时候，我一定会重新认识过去的人，去了解无人岛上发生的故事，去了解埃及农夫身上发生的故事，去了解印度僧侣身上发生的故事，去了解沙漠行者身上发生的故事……（大家也一定要多多进行这样的了解，因为长大以后，可能因为工作我们会变得忙碌起来，也许就再也没有时间去思考这些自己喜欢的事情和问题了！）

相信大家都是喜欢学习科学的孩子。在学习科学的时候，大家不妨这样设想一下，如果我们现在都变成了以前的人，一些今天看似理所当然的知识也都会变得神奇起来，到时候即使没有人强迫你学习，你也会对大自然充满了好奇，想要学习的知识也会变得越来越多。

对于现代人来说，复杂的科学知识早已被人们习惯，但是对于前人来说，即使一些简单的知识，在他们眼中也会显得不可思议。磁石对于过去的人来说，就是这样的一种存在。由于那时的人们不了解磁石中的秘密，因此他们不知道磁石为什么会吸引铁钉，为什么磁针会指向北方……但即使不了解其中的原理，但他们还是很好地利用了磁石，例如运用磁石制作指南针出海航行，等等。

地球是个巨大的磁石

16世纪时，英国有一个叫吉尔伯特的人，他是当时伊丽莎白女王和詹姆斯一世的侍医，但是他对科学非常感兴趣，家里收藏了很多科学书籍、天体模型、器械和矿石等跟科学有关的东西，他还经常邀请朋友到自己家里来探讨科学问题。

吉尔伯特在对磁石进行研究之后，开始动手写了一本关于磁石的著作，取名为《有关磁石与磁性物体，以及对地球本身是一块巨大磁石的讨论研究引发的最新自然哲学》（天啊，好长的书名）。过去的人们都喜欢给书起这么长的名字，不过，在今天，我们将这本书名译为《论磁，磁体和巨大地磁体》。这本书中这样写道：

吉尔伯特（1544－1603）
英国物理学家

> 献给不断探索磁石原理的读者们……

我也是一个爱读书的人，于是我也阅读了这本著作。说到真正的爱读书的人，我忍不住想要建议大家都能成为一个真正的爱读书的人。

《论磁，磁体和巨大地磁体》是科学历史上一本十分重要的作品。这本书写于400年前，但是直到今天，对磁石感兴趣的人们，依旧十分喜欢这本书。

在这本书中，吉尔伯特第一次提出了自己的观点，他认为地球本身就是一个巨大的磁石。这个观点在当时产生了巨大的轰动！人们一直以为，地球只不过是一块巨大的、坚硬的石块，它怎么会变成一块巨大的磁石呢？

吉尔伯特把磁石磨成了各种各样的形状，然后用磁石进行各种实验。（他觉得亲手磨制磁石有些麻烦，便把这些工作交给工匠们去做。）

有一天，吉尔伯特用球形的磁石，做了一个特别的实验。他在磁石上放了几根针，然后根据针的运动方向，来寻找磁石的两个极点。当针被放在磁石球上以后，针尖就不再四处乱转，而是指向了相同的方向。

吉尔伯特在用棍状磁石做的两极实验中，铁粉会聚集在一起。同样的，针在磁石球上的时候，针尖也会指向磁极的方向，越靠近磁极的地方，针就会越发倾斜，而到达极点的时候，针就会变得竖立

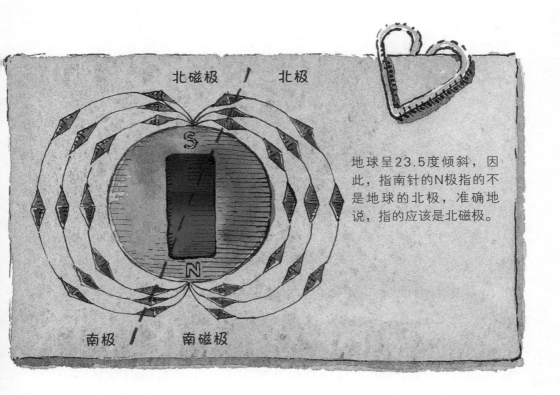

北磁极   北极

南极   南磁极

地球呈23.5度倾斜，因此，指南针的N极指的不是地球的北极，准确地说，指的应该是北磁极。

起来。在相反一侧的磁极，也会出现这样的现象。

　　吉尔伯特把地球想象成和这个磁石球一样的球体，如果地球是一个巨大的磁石，那么，地球的南方和北方就会存在极点。

　　在那之前，人们虽然已经学会了使用指南针，但是仍然不清楚，指南针的N极为什么会始终指向北方。有的人说，北方有磁石堆成的山；还有人说，是北极星吸引着指南针。而吉尔伯特则认为，地球和指南针一样也是一块巨大的磁石，因此指南针的N极永远指向北方，也就是地球磁石的S极。

　　其实，正因为地球本身是一个巨大的磁石，指南针才会发挥作用。因为地球和指南针一样，也有N极和S极。指南针的N极指向地球的S极，而指南针的S极指向地球的N极。地磁的S极——北磁极位于地球的北极，而地磁的N极——南磁极则位于地球的南极。

磁石为什么能吸住铁？

磁石永远具有N极和S极，相同的磁极相互排斥，不同的磁极相互吸引。磁石对塑料和纸没有任何作用，却能够吸引铁，是不是铁也有N极和S极呢？它为什么偏偏能吸引住铁呢？

在很早以前，为了解释清楚这个现象，当时的哲学家、数学家、医学家和神父都曾各持己见，有的人认为磁石能够喷出强烈的气息，因此能将铁吸引过去；有的人认为磁石有一对看不见的手，可以拉住铁；还有人认为磁石中有铁和石头两种力量在进行角力，磁石为了不输给石头，所以要吸引更多的铁来帮助自己战胜石头；还有人认为铁无法抗拒磁石散发出的吸引力，于是被磁石吸住……

吉尔伯特则认为，地球本身就是一块巨大的磁石，地球上所有磁石的力量，都来源于地球本身的力量。事实上这个观点是错误的，吉尔伯特认为地球本身就是一块巨大的磁石是没有错的，但是磁石具有的神秘力量并不是来自地球。

那么，磁石究竟为什么能吸住铁呢？

你是如何认为的呢？请你至少说出自己的一个想法，即使是错的也没有关系。

下面的答案或许会让你感到吃惊的！科学家们认为，构成世界所有物质的原子，实际上本身就是磁石。那么，为什么世界上所有的物体不都是磁石呢？不管是纸张，还是泥土、人类和树木……所有物质都是由原子构成的，为什么这些东西不是磁石呢？

这是因为原子的中央有一个坚硬的原子核，在它的周围围绕着高速旋转的电子（正是因为电子这样快速的转动，才形成了N极和S极）。电子在转动的时候，总是两个电子形成一对进行转动的。一个向左转动，一个向右转动。原子中的电子以这样成对地向相反方向进行转动，所以不会表现出磁石的性质。世界上大部分物体的原子都是按照这样的方式进行转动的。

但是，铁却例外。铁原子中没有成对的电子，而且所有的铁原子都向着同样的方向转动，因此铁原子具有磁石的性质。

如果说铁原子具有磁石的性质，为什么铁和铁之间不会相互吸引呢？

在一般情况下，无数的铁原子是没有固定的排列顺序的，而是处于比较混乱的状态。

因此，铁本身具有的磁性是非常弱的。但是，如果用磁石敲打

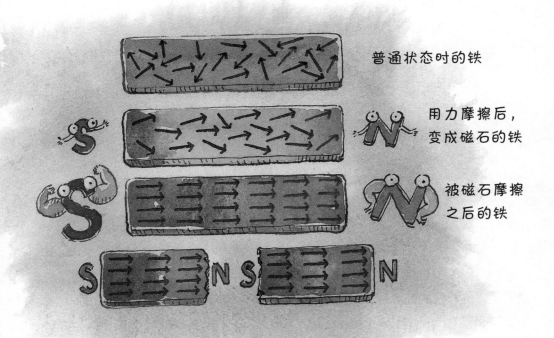

普通状态时的铁

用力摩擦后，变成磁石的铁

被磁石摩擦之后的铁

一下铁，或者用磁石和铁进行摩擦，铁原子就会整齐地朝着同一个方向排列。这样一来，普通的铁也会变成磁石，能够吸引其他的铁了。不过，经过一段时间以后，铁原子的状态就会复原，带有磁性的铁就又会恢复成普通的铁了。

如果在普通的铁上，给它施加巨大的力和热量，铁中的原子就会永远地向着同样的方向排列，这样一来普通的铁就会变成永久的磁铁。从矿山中开发出来的天然磁石就是埋在地球深处的铁矿石，经过巨大的热量和压力的作用后，原子向着同样的方向排列才变成了磁石。

过去的人们认为，铁和磁石是不同的物质。磁石属于石头，而铁则属于金属。不知道大家是如何认为的？你们是不是也认为铁和磁石是不同的物质呢？

如果从原子的角度来看，铁和磁石并不是不同的物质。因为铁和磁石都是由铁原子构成的。铁原子按照一定顺序排列的就是磁石，而铁原子没有一定的秩序，排列混乱的就是铁。

在磁石的周围，会产生我们用肉眼看不见的神秘力量。这种力量从磁石的一个磁极释放出来，并流向另一个磁极。虽然我们直接用眼睛无法观察到这种神秘的力量，但是我们可以通过其他方法，来验证这种力量的存在。

我们在纸上撒上一些铁粉，然后将磁石放在纸的下面。这时，我们就会发现，纸上的铁粉形成了圆形的形状。不管我们将磁石横放或者竖放，磁石神秘的力量都会显现在我们眼前。

磁石的N极永远向着地球的S极，而磁石的S极也永远向着地球的N极。在我看来，磁石的N极和S极非常神奇，而"同极排斥，异极吸引"的特征，更是非常有趣。

所有的磁石都有N极和S极，世界上没有只有N极没有S极，或只有S极没有N极的磁石，即使你把磁石从中间切开，也不会将磁石分

成只有N极和S极的两段。

　　虽然我们现在的科学非常发达，可以制造飞上太空的宇宙飞船，可以登上月球，可以开发出人工智能机器人，但是，世界上没有任何一个科学家能够造出只有N极没有S极，或者只有S极没有N极的磁石。

　　因此，不管你从什么地方将磁石切开，切开后的磁石仍然会同时具有N极和S极。即使将磁石切成小碎块儿，它的两端仍然一端是N极，另一端是S极。就算将它弄成灰尘般大小，它们仍然会同时拥有N极和S极（如果你能发明出只有一个磁极的磁石，你一定会获得诺贝尔奖的）。

9

光是如何传播的？

光的性质

　　如果你曾经对光发生过兴趣，那么可以说，你身上已经具备科学家的素质了！我们每天习以为常的光，在科学家们眼中充满了神秘而又可敬的色彩。无论是伽利略、牛顿、惠更斯、笛卡儿，还是麦克斯韦、居里夫人、爱因斯坦……这些大家熟悉的科学家们都曾经惊叹过光的伟大，并对光进行了各种各样的研究。

　　伽利略曾经想要测量光的速度（天啊，只靠两盏灯和自己的脉搏，怎么可能呢）；牛顿希望运用棱镜，揭开光的秘密；爱因斯坦则用一生的时间，研究有关光的知识，最终发现了宇宙中神奇的现象。

　　我们每个人都使用过镜子，对镜子的原理你知道多少呢？其实，和镜子有关的知识大都和光有关，镜子只不过是帮助我们学习光学的工具，大家真正要掌握的是"光的秘密"。

如果大家不了解光的知识，也就无法理解镜子中的秘密。大家是否思考过，为什么镜子能够照出我们的样子呢？为什么我们照石头和纸张的时候不能看到自己的样子呢？

　　"看"究竟是怎样的一种行为？我们是如何"看到"某种东西的呢？

　　从前，有这样一个孩子，别人都认为是理所当然的事情，在他眼里却充满了神奇。他站在岸边，背着手，观察太阳发出的阳光。他感到非常好奇，为什么我们能够看到阳光呢？他睁大眼睛，闭上嘴巴，发现可以很清楚地看到阳光；之后，他又闭上眼睛，张大嘴巴，可是世界却变得一片黑暗，什么都看不见了。他兴高采烈地跑回家，对家人大声宣布：

　　"原来我们是用眼睛看东西，而不是用嘴巴看东西的！"

　　家人都哈哈大笑了起来。等到这个小孩长大以后，写了全世界最美丽的一本关于昆虫的书籍，这本书就是大家都知道的《昆虫记》，这个小孩就是法布尔。

　　法布尔长大以后，有一次回想起了小时候发生的这件事情。他觉得，家人们之所以笑话他，是因为大家觉得用眼睛看东西是理所当然的事情。但是，理所当然的想法和通过自己的实验进行证实的行为，两者之间到底哪个更正确呢？

等到法布尔成为一名科学家后，他找到了真正的答案。我们在学习的时候也一定不要忘记法布尔的故事，不要认为书上或网上写的知识都是理所应当的正确的知识，而是要通过自己亲身的观察、调查和思考，才能真正掌握这些知识。

这样一来，你才会发现很多你原本认为知道的东西，其实你并不真正地了解。随着不断地学习，你会发现自己不懂的东西越来越多。当发现自己不懂的东西增多的时候，才是真正的学习。

学习光的知识，正需要这样的方法。我们每天都能见到光，但是相信很多人从来没有仔细思考过光的神奇。对光的了解越多，你就会发现自己不知道的知识越多。这样你不但不会觉得沮丧，反而会产生更加强烈的求知欲望。从现在开始，就请大家和我一起，来探索神奇的光的世界吧！

光的直线传播和影子游戏

光是什么呢？

不知道大家会不会这样想，光是一种很亮、很温暖、会闪烁的东西。如果我们仰望夜晚的星空，看到闪烁的星光是从遥远的宇宙，经过了很长的时间才传到我们眼前的。太阳是距离我们最近的恒星，它会发出耀眼的光芒。

　　你们通过棱镜看到
的光，并不是微不足道的
东西，而是太阳在8分20秒之前
放射出来的，它经过了1.5亿千
米的距离，才来到了你的棱镜
之中。

　　光具有令人惊奇的性质。光总是
沿着直线的方向前进，遇到障碍物的
时候不会转弯，也不会穿透障碍物。大
家不妨观察一下阳光照在大石头上
的样子，阳光既不会反射到石头周
围，也不会穿透石头。光总是沿着
直线传播，是指光在同一种介质中传播的情形，如在
空气中。

　　由于光的直线传播，物体的后方就会产生影子。
在障碍物的边界，光会变得十分模糊，因此影子的边缘
也会变得十分模糊。

　　如果光不是沿着直线传播，而是会绕着障碍物进行

运动的话，我们的身后就不会有影子了！

刚才我们已经讲过了光的直线传播。当我们在学习科学知识，碰到新出现的词语时，一定不要死记硬背，而是仔细思考它所代表的真正含义。

我们可以想象一下光的直线传播。当提到光的直线传播时，我脑子里忽然出现了军乐队。军乐队排成方阵，集体向前行进。军乐队也是按照直线的方向向前运动的。光就像不会转弯的军乐队一样。可是，光一定会碰到障碍物的。当光碰到某些障碍物时，光就会"嗖"的一下进入那个物体之中，当它遇到另一些障碍物的时候，就会寻找一条新的行进路线。我们将后者称为"光的反射"。被反射后的光，依旧会沿着直线方向运动。

光的反射是一种非常伟大的现象。如果光不能反射，我们就无法看到物体。我们之所以能够看到山、云彩、树木、房子、朋友、蚂蚁等世界上所有的物体，都是因为光反射的缘故。物体反射出的光进入了我们的眼睛，我们才能看到这个物体。

如果光在遇到所有的物体后都不会反射，世界将变得异常奇怪。如果光遇到物体都进入物体的内部，整个世界将会变成一片黑暗。如果光没有反射，全部透过物体而继续前行，那所有的物体就会变得透明，不管是房子、树木，还是大山，世界上的一切都将变成透明的，我们就无法用眼睛看到这些物体是否存在，我们将看不到世界上任何的物体。

大家能够清楚地看到这本书中的文字，是因为书中有的部分吸收了光，而有的地方反射了光。书中白色的部分能够反射光线，而黑色的墨水部分则吸收了光。

如果让光线全部被吸收，或者全部穿透这本书，会出现什么样的情况呢？如果光完全穿透这本书的纸张、文字，那么整本书将变成一本完全透明的书；相反，如果所有的光都被吸收，整本书看起来将会是一本黑色的书。

幸运的是，世界上所有的物体，如桌子、书本、铅笔、房子等，都是吸收一部分光，同时反射一部分光，所以我们通过双眼才能看到各种事物和颜色。

但是，世界上仍然有一些物体有的可以完全透光，有的则会将光全部反射开来。玻璃和镜子就是这样的物体。玻璃可以透过大部分的光，因此看起来是透明的。相反，镜子能够反射几乎所有的光，所以我们站在镜子前面，会看到自己的样子。不过，玻璃也会反射一小部分光，因此我们站在玻璃前面的时候也会看到自己的影子。

最初，人们不知道自己究竟是如何看到世间万物的。过去的人们认为，发光的是人的眼睛，人之所以能够看到树木、云彩和房子，是由于人的眼睛发射出了光芒。盲人之所以看不见东西，是因为他们的眼睛无法发光的缘故。当时，世界上最聪明的人，也是这样认为的。（如果你们也将双眼蒙住，是不是也会觉得过去人们的想法也不是那么荒唐呢？）

过去的人们还认为，月亮也是能发出光芒的。晚上我们看月亮的时候，会觉得月亮真的发出了光芒。但是，实际上月亮自己是不会发光的。可是，为什么月亮看起来仍然是有光亮的呢？仔细阅读了下面的内容，你们就能了解到其中的奥秘！

 折射让光更快地前进

光传播的速度非常快，不管是星光、眼光，还是烛光，都以每秒30万千米的速度传播着。汽车每秒能够前进30米，普通飞机每秒能够前进200米，声音每秒能够前进340米，而光每秒则可以前进3亿米！我们眨一下眼睛的时间（1秒钟），光已经绕着地球转了7.5圈了！

光最喜欢前进的道路上没有任何障碍物，因为没有障碍物存在，光传播的速度就会达到最快。

光在没有空气也没有灰尘的宇宙空间里，能够达到最快的传播速度。当遇到障碍物的时候，光的速度就会略微减慢。光在真空中的速度最快，在水中的速度为真空中光速的3/4，而在玻璃中的速度为真空中光速的2/3。

光折射的原理

　　光总是希望以最快的速度前进。这就好比有人掉到海里，救援人员总是想第一时间去营救他们一样。假设你是一个救生员，而你奔跑的速度比你游泳的速度更快，那么，在以下两幅图中，你会选择哪一条作为救生路线呢？

从沙滩上沿着直线距离奔向遇难者。

从沙滩上按照某种角度跑到海边，然后再改变方向，奔向遇难者。

虽然直线距离比较近，但是由于游泳的速度比跑步的速度慢，所以综合起来，所需要的时间会更长。

虽然直线距离比较远，但是由于跑步的速度比游泳的速度快，所以在沙滩上选择较长的距离，而在海水里选择较短的距离，综合起来所需要的时间会更短。

光从空旷的宇宙中来到地球上，会遇到各种各样的障碍物。地球的四周包围着厚厚的大气层，光还要遇到云层和水，有的时候还要遇到麻烦的棱镜，比如你们在教室里做棱镜实验的时候。

光在遇到棱镜的时候，会发生非常神奇的现象。光不会直接通过棱镜，它在射入棱镜的时候会发生一次折射，而射出棱镜的时候，又会发生一次折射。为什么会这样呢？

因为光是非常聪明的，光十分清楚自己的性质，以及自己要做的事情。光虽然最喜欢前进的道路上没有任何障碍物，但是当它不得不通过障碍物的时候，它会选择以最快的方法通过障碍物。

我们把光从一种介质射入另一种介质时，传播方向发生偏折的现象叫做光的折射。

光在空气中前进的速度要比在棱镜中更快一些。因此，它会选择在空气中尽量多走一些距离，而在棱镜中少走一些距离。因此，光在射入棱镜和射出棱镜的时候，会分别发生一次折射。

凸透镜、凹透镜和棱镜，都是将玻璃打磨成一定角

度做成的。当对玻璃进行一些处理之后，就会发生十分神奇的现象。人们通过凹透镜和凸透镜看到的东西，其大小会发生变化，而光通过棱镜的时候，我们还能看到像彩虹一样的色彩。

17世纪以前，人们认为白色是最单纯的颜色，直到英国物理学家牛顿用玻璃三棱镜使太阳光发生了色散，才解开了光的颜色之谜。

太阳光通过棱镜后，被分解成各种颜色的光，如果用一个白屏来承接，在白屏上就形成一条彩色的光带，颜色依次是红、橙、黄、绿、蓝、靛、紫。这说明，白光是由各种色光混合而成的。彩虹就是阳光在传播中被空中的水滴色散而产生的。

你们知道眼睛是如何看到物体的吗？

我们的眼睛相当于一个凸透镜。它把来自物体的光汇聚在视网膜上，形成物体的像。视网膜上的视神经细胞受到光的刺激，把这个信号传输给大脑，我们就看到了物体。

人们通过光的折射原理，发明了照相机、望远镜、显微镜等设备。如果将凸透镜按照适当的距离设置好，让光进行各种折射，就能制作成望远镜或显微镜。

在大自然中，光在通过水滴或空气的时候也会发生折射，这样一来就形成了彩虹或海市蜃楼等各种各样的奇妙景观。

 眼睛看不见的光

皮埃尔·法弗尔在小的时候，认为光是可以用眼睛看到的东西。但是，他不知道，有很多光用眼睛是看不到的（我们比法弗尔知道得更多，并不是因为我们比他还要聪明，只不过是因为我们出生得比他晚而已）。

在我们生活的世界上，有很多光用眼睛是看不到的，如紫外线、红外线、X光、放射线、电波、声波，等等。这些光既没有颜色，也没有声音，我们的肉眼也看不到它们，它们就这样悄无声息地经过我们的身边。

太阳射出的光中，我们用眼睛可以看到的，只不过是一部分可视光。在可视光中，包含着红、橙、黄、绿、蓝、靛、紫等各种波长的光。还有一些光是我们看不到的，那就是红外线和紫外线等光线。

我们将光谱上红色光以外的一种看不见的光线，叫做红外线。虽然我们用肉眼看不见这些光，但是我们的身体却能够感受到这些光的存在。我们在晒太阳的时候，感觉身上很温暖，就是因为阳光中看不见的红外线的作用。

我们把光谱紫色光以外的一种看不见的光，叫做紫外线。我们虽然用肉眼看不见紫外线，但是由于它的能量非常高，所以能对我们的造成损害。如果太阳辐射的紫外线全部到达地面，那我们人类和

动植物都不可能生存下来。还好，我们有厚厚的大气层做保护，使得紫外线不能全部到达地面。

　　除了阳光以外，我们周围还有很多其他种类的光，例如灯泡的灯光、烛光、篝火发出的光、电视和荧光灯发出的光、路灯发出的光，以及X射线、荧光棒等发出的光，等等。在这些光中间，有的可以用肉眼看到，有的无法用肉眼看到。不管是太阳光，还是火光、灯光，它们发光的原理都是一样的。如果大家坚持学习科学知识，很快就会了解到其中的奥秘。

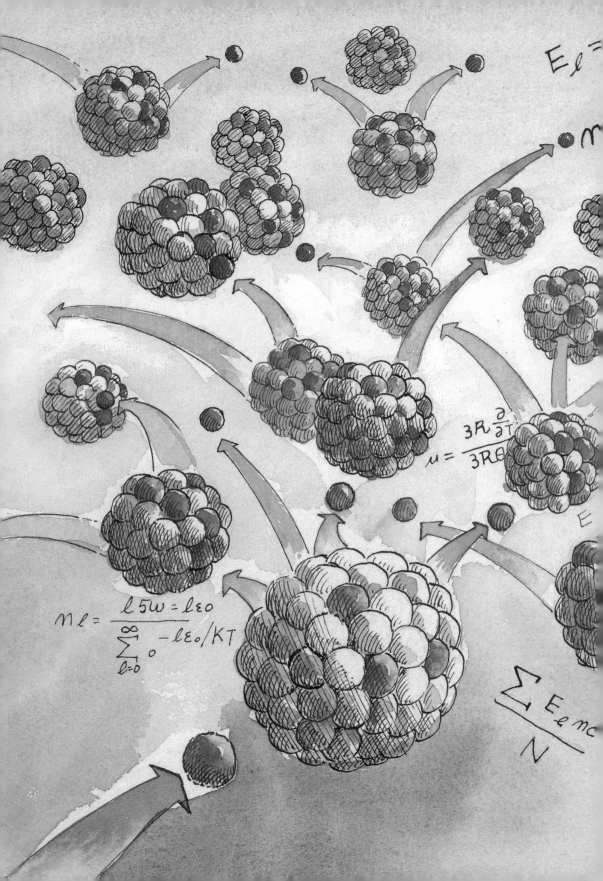

噗噗

老天爷啊！请赐予我力量吧！

从这一章开始，我们要介绍一个非常难懂的知识了。怎么？你不知道能量的知识为什么这么难吗？也许你们能经常听到"能量"这个词，所以觉得它好像没什么难懂的。不过，我可以告诉大家，能量确实是很十分难懂的知识。大家在阅读以下内容的过程中，就会遇到从来不曾听过的知识。那么，我们首先从你自认为了解的能量开始入手吧！

我想，你们一定知道，石油、干电池是和能量有关的东西。提到能量的时候，你还会想到什么词语呢？请你举出几个例子吧！

有人这样回答：

"干电池、力量、电线杆、拳头、发电厂……"

另一个人这样回答：

"闪电、暖手炉、电饭锅、炸弹、微波炉、力气……"

现在，该我为你们出题了：

巧克力、树木、小猫、桌子、云彩、暴风雨、星星、滑梯、石子、青蛙、汽车、打雷、橡皮筋、瀑布、弓箭、磁石、火、灰尘……在这些物体中，哪些和能量有关，哪些和能量无关呢？大家可以找出几个和能量有关的选项呢？

不过，我的答案一定会让你感到吃惊了！以上所有的东西中，每一样都是和能量有关的！怎么？灰尘也是能量吗？

没错！如果你听到了这样的答案丝毫不感到意外的话，那么可以说你对能量已经有了一定的了解。如果不是的话，可以说你对能量还是一无所知，所以当你听到灰尘也是能量时，就会感到十分惊奇了。

我想，你对能量的认识可能会出现一些混淆。希望大家从现在开始，将以前对能量的理解抛到脑后，就当做自己对能量一无所知，这样才有助于大家跟我一起学到更多的有关能量的知识。

在我们生活的世界上，存在着叫做"能量"的东西！科学家们用了很长很长的时间，才得出了这个概念。伟大的科学家牛顿发现了力的规律，发现了重力，但是他没有发现能量的存在。即使到了今天，人们对能量的了解也还是十分有限的。

你一定会认为，怎么会这样呢？不过，这就是事实！虽然我们人类不断地解开科学的谜题，但是没有任何一个人能够知道宇宙中所有科学的真面目。

我在学习有关能量知识的时候，曾经觉得非常困难。在我小时候，如果有人告诉我，能量是多么复杂的知识，我可能就不会为了学习能量的知识感到如此头疼了！连最伟大的物理学家都搞不懂的能量，为什么我们要装作很了解的样子呢？难道老师就不能只告诉我们"宇宙中存在着能量"吗？如果只是这样一句说明，我也许会觉得更容易理解。但是，当时没有任何人告诉过我这样一句话，如果我小时候听到了这句话，说不定我会产生这样的好奇："宇宙中存在着能

量？那我要不要也学习学习有关能量的知识呢？"

可是，当时老师并没有告诉我们这样的话，而是讲了一大堆从来没听过的能量的名字和公式。当时，在我们的眼里，老师仿佛知道一切，而我们却像傻瓜一样一无所知，所以只能一边感到惭愧，一边去死记硬背这些公式和名词了。

能量是一个十分复杂的知识，连科学家们都不能完全掌握它的全部知识。不过，虽然困难，但科学家们还是投入了大量的时间和精力，对能量进行了不懈地研究。我们之所以觉得科学很难，是因为我们要在短时间内了解科学家们用很多年才研究出来的成果。所以，在这一节中，我希望像蜗牛走路一样，将能量的知识慢慢地一点点地告诉大家！

 ## "能量无处不在！"

宇宙中也有能量吗？没错！

在距今大约150多年前的19世纪中期，有一个人发现了这个事实。当时，所有人都不知道能量到底是什么东西，甚至不知道世界上存在着能量。有一个叫法拉第的谦虚的学者，对能量进行了论述。我认为，在科学史上，再也没有一个科学家像法拉第一样性格温和而又善良了。

在法拉第生活的时代，科学得到了巨大的发展。天文学家们认识到了宇宙的样子，化学家们发现了越来越多的新元素，地质学家们找到了地球存在已久的证据。于是，科学家们便开始自大起来，他们宣称自己已经掌握了地球上所有的科学知识。

他们认为，世界上再没有什么能够令人感到神奇的东西存在了。由于科学家们的态度，一般人好像也渐渐变得傲慢了起来。但是，法拉第却不是这样，他一直谦虚地学习科学知识，专心从事科学研究。

法拉第是如何发现用眼睛看不见的能量的呢？

在所有人都未付诸行动的时候，法拉第便开始将磁石和电放在一起研究。法拉第认为，在磁石周围撒上铁粉，铁粉就形成的十分特别的形状，

法拉第（1791－1867）
英国物理学家、化学家

虽然在磁铁周围我们用肉眼看不到任何东西，但是分明是有什么物质在发挥着某种作用。经过实验，法拉第发现不仅是在磁铁周围，在电的周围也存在着某种力量。因为如果将指南针放在通电电线附近，指南针也会发生偏转。

其实，在这之前就已经有一位科学家进行了类似的实验——丹麦科学家奥斯特在1820年发现了电流对磁针的作用。

这一发现引起了许多科学家的思索。通过实验，法拉第也发现了其中的神奇之处，为什么电流周围的指南针会发生偏转呢？自己拿着指南针的手明明没有发抖啊！

于是，法拉第认为，电流的周围也有一种像磁铁周围一样神奇的力量，正是这种神奇的力量使指南针发生了偏转。那么，按这个道理推断，磁石周围所具有的力量能否产生电呢？

法拉第立刻开始动手进行了实验。他将铜丝反复缠了几圈，做成一个线圈，并和一个电流计相连接。之后，他将磁石放在线圈的下方，但没有任何情况发生。他又将磁石放到了离线圈更近的地方，但还是没有任何情况发生。

后来，经过了反复的实验，不可思议的情况终于发生了。当法拉

第将磁石放到线圈中间，然后再迅速将磁石拿出来时，神奇的现象出现了，和线圈连接的电流计指针居然发生了偏转！

通过这个实验，法拉第明确地证明了自己推断的这种神秘力量的存在。和线圈相连的电流计指针之所以能发生偏转，就是这种神奇力量的作用。他证实了电和磁铁周围都拥有这种力量，看来电和磁是有着密切联系的，通电的地方会有磁场产生，而磁力也能够产生电流。经过10年的研究和探索，法拉第终于发现了利用磁场产生电流的条件和规律。他将这种现象称为"电磁感应"。

法拉第的发现，进一步揭示了电与磁之间的联系，根据这个发现，使人类大规模用电成为可能，开辟了电气化的时代。

不过，在当时法拉第向其他人公布自己的发现时，人们即使亲眼看到了法拉第的实验，但仍然感到不能相信。

　　法拉第感到十分沮丧，为什么自己亲眼所见的事情，其他人却不相信呢？法拉第虽然非常善于做实验，但是对数学却并不擅长。在成为科学家之前，法拉第并没有在学校接受过系统的教育。但他有着强烈的求知欲望，他刻苦自学，最后成了英国皇家学会戴维教授的助手。

　　法拉第为了能够证实自己的发现，让人们了解电和磁石周围具有的这种神奇力量，他反复进行了很多次实验。

　　后来，另一位伟大的科学家麦克斯韦找到了法拉第。麦克斯韦是贵族出身，接受过很好的教育，同时也是一个非常谦逊的青年。麦克斯韦十分尊敬法拉第，当他看到法拉第厚厚的实验记录之后，他相信了这种神秘力量的存在。

麦克斯韦（1831－1879）
英国物理学家、数学家

　　麦克斯韦不仅是一位物理学家，还是一位了不起的数学家。他在法拉第电磁感应研究的基础上，总结了19世纪中叶以前对电磁现象的研究成果，建立了电磁场的基本方程，成为现代电磁理论的基础。

　　现在你们知道了吧？在证实一个科学理论的时候，数学是多么重要啊，所以大家也要认识到数学有趣的地方，努力地学好数学！

# 能量循环并改变形态

现在，大家应该已经猜到了，法拉第发现的这种神奇的力量到底是什么了？没错，在磁石和电周围存在的这种看不见的力量，正是能量！

科学家们开始重视这种眼睛看不见的能量，原来世界上真的有能量的存在！但是，能量到底是什么呢？宇宙中为什么会存在能量呢？科学家们还是无法理解。科学家们为了解开能量的秘密，开始了实质性的研究。

在那个时候，科学家们认为有几种其他的力量，也属于能量。例如，可怕风暴的力量；推动水车的瀑布的力量；大炮射出炮弹的力量；化学实验中发出"砰"的声音后，闪出火花的力量……他们知道了这些都属于能量。

除此之外，科学家们还认为，用水壶烧水的时候水蒸气掀起壶盖的力量，也是一种能量。在这个时候，蒸汽机被发明了出来。大家可以想象一下，当人们知道水蒸气具有能够发动火车的力量时，该是多么的惊奇！

科学家们还知道，很久以前伽利略所做的小球滚动的实验中，已经出现了能量及其守恒的思想。小球之所以能从一个斜面滚动下来后，在上升到与它出发时的高度相同时才停止，正是因为能量的存在。

一般的时候，我们无法亲眼看到地球上神奇的能量，但是，如果你将球扔上天空，然后再张开双手，等待球掉落下来。在这个过程中，你就可以感受到地球的能量了。

小球向下掉落，就是地球能量存在的最好证据！如果不存在能量，球就不会被你扔出去，然后再掉下来，而只会待在你手里一动

也不动。但由于小球的重力势能非常小，所以不至于绕着地球旋转一圈再落下来。

科学家们对能量的了解一直在不断地深入。人们认识到能量既没有模样，也没有形体，但能量喜欢循环运动。每次循环的时候，能量的形态就会发生改变。每次形态发生改变时，能量的名称也会随之发生改变。

在研究科学的时候，如果去掉了能量，可以说就没有什么东西剩下了。科学家们不断进行调查、计算，来研究能量从何处来，又流向什么地方，能量转移时发生了什么事情……并将这些研究结果运用到我们的生活当中。

在大自然中，能量永远是从高处流向低处，从能量多的地方流向能量少的地方；而绝对不会从低处流向高处，也不会从能量少的地

方流向能量多的地方。

我们在使用能量的时候，需要遵守自然的规律，不能做出违反自然规律的行为。这样，大自然才会送给我们更多的能量。

如何测量看不到的能量？

你们看到过能量吗？

能量是既看不到也摸不到的东西，它像是由非常微小的颗粒组成的原子一样，我们是无法用肉眼看到的。但是，能量却是实实在在存在着，并无时无刻不在起着作用。但由于它既没有形态也没有模样，所以科学家们很难用数字将它表现出来。如果不能用数字将它表现出来，科学家们将无法更好地了解有关能量的一切。那么，我们到底应该如何测量看不到的能量呢？

你是怎么想的呢？

让我们来设想一下，可怕的暴风雨来临了！怎么？从暴风雨中能够计算能量的大小吗？或者，我们设想有一块巨大的磁石，那么，通过磁石就能计算能量的大小吗？

如果能量只是待着不动，不做任何事情，是没有人能够知道能量存在的。

暴风雨来临的时候，如果它什么都不做，我们也无法从中计算出它到底有多大的能量。只有在暴风雨进行了某些活动以后——例如它冲破堤坝，刮倒房屋，将大树连根拔起——通过这些我们才能了解到，暴风雨的能量到底有多么强大。

能量所进行某种活动，在科学上称其为做功。暴风雨冲毁堤坝，将大树连根拔起，在科学中都叫暴风雨所做的功。

能量就像是一个幽灵一样，看不见，摸不着，但是它经过的地方却会发生位置移动等各种改变。没有人能够亲眼见到能量，不过科学家们可以通过计算功的大小来计算能量的大小。

如果力的方向与物体运动的方向一致，我们就可以说：功等于力的大小与位移大小的乘积，即功=力×距离。用F表示力的大小，L表示位移的大小，W表示力F所做的功，则公式为：$W=FL$。

　　因为有了这个伟大的公式，我们就能够计算出能量的大小。当科学家们可以用数字计算能量以后，他们发现了更加神奇的秘密。这个发现比当初发现能量的存在，更让科学家们感到惊奇。这个发现就是，能量绝对不会自己产生，而且永远也不会消失。

　　什么？能量绝对不会自己产生，而且永远也不会消失？没错，能量是绝对不会自己产生，也永远也不会消失的！当暴风雨结束后，它的能量就消失了吗？事实上，即使暴风雨结束了，它的能量也不会消失。这些能量也许有一天，会在其他地方形成一场新的暴风雨；或者变成一缕清风轻轻吹拂着我们；也有可能变成空气被你吸进身体里。不过，无论如何它是绝不会在宇宙中消失的。

　　能量不会消失，只会不停地转化形态。宇宙中能量的总和，无论是在100年之前还是100年之后，都是不会改变的。我们将此称为"能量守恒定律"，即能量既不会消灭，也不会创生，它只会从一种形式转化为其他形式，或者从一个物体转移到另一个物体，而在转化和转移的过程中能量的总和保持不变。

　　每当能量做功的时候，它就会发生转化。有时候化成为动能，有时候化

为势能，有时转化为光能或者热能……

在干电池中，储存着能量。干电池被装进手电筒，而手电筒被打开后，小灯泡就会被点亮。在这一过程中就发生了能量的转化，由化学能转化为电能，再由电能转化为光能和热能。

干电池用尽之后，它的能量并不是从此消失了，而是转化成了其他的能量，也就是光能和热能。光能和热能将继续它们的旅行，因为光和热可以到达任何地方。

能量就是这样永无止境地在宇宙中循环，之后逐渐分散。（分散的能源再次聚集到一起是一件很难的事情，所以我们应该珍惜大自然带给我们的资源。）

在瀑布中也有眼睛看不见的能量。巨大的瀑布，由于位置高，本身就具有一定的能量。因为它从高处落到低处的过程中，便可以实现某些事情。例如将无数水珠飞溅到四面八方，或者冲刷石头，将石头渐渐冲刷得圆润。如果在瀑布下方放置一个水车，从高处落下的瀑布，还可以推动水车进行运动。

所以，在位置较高的物体中，有一种非常了不起的能量。我们把由于位置所产生的能量，称为势能。位置越高的物体，所具有的势能就越大。因为所处的位置越高，所做的功也就越多。

你在坐滑梯的时候，必须先爬到滑梯的上方，就是根据这个原理设计的。因为如果你想从滑梯上滑下来，在此之前就必须先积攒一定的势能。也就是说，你要享受坐滑梯的乐趣，就必须先辛苦地爬楼梯。如果你想永远拥有势能，就只能永远站在滑梯顶端不动。如果你从滑梯上滑了下来，这时当你滑到底部时，你的势能就已经消失了。但是你的能量并没有消失，而是以另一种形式出现了，那就是动能。动能就是由于物体运动而具有的能量。

你下滑时，速度越快，就证明你的动能越大。如果你的弟弟此时正站在滑梯的下面，你的动能很可能会将他撞倒。在你滑下滑梯的过程中，势能除了转化为动能以外，还有一小部分会转化成热能（你从滑梯滑下来的时候，总是会感到屁股有些热乎乎的吧！这就是热能）。

在妈妈眼里，你玩滑梯只不过是在做游戏，不过从科学上出发，你已经完成了做功的过程。在每次做功的过程中，能量就会不断地进行变化。

现在，我们来总结一下已经学过的各种各样的能量，这样有助于我们更好地理解能量。我们处于高处的时候，具有势能；运动的时候会产生动能，物体发热的时候，会产生热能。这些能都可以做功。电或磁石也拥有可以做功的能量。拉长的橡皮筋和直射出去的箭都具有弹性能量；而石油和食盐则具有化学能。

随着能量的秘密被不断地解开，科学家们发现人类需要了解的能量知识越来越多。因此，我们要学习的知识也变得越来越多，有关能量的计算公式也变得越来越复杂。每当科学变得越来越艰深的时候，总会有一些人出现，来克服科学上的难题。如果没有这些人的出现，说不定现在的人们只能成天到晚翻着厚厚的书，科学也不会变得像今天这样充满了乐趣。

当科学家们认为我们对科学已经全部掌握的时候，闻所未闻的能量便出现在了他们的世界里；如果爱因斯坦不动手做实验，而只是在脑子里思考能量的问题，可能到现在为止，能量还是不为人知。

如果没有这些科学家们的发现，人们永远不可能知道我们生活的世界中存在着能量，能量隐藏在所有物体之中，不管是桌子、橡皮，还是镜框、水滴、灰尘，所有的一切物质都具有能量。

但在我们眼里，不管是桌子、沙子，还

是灰尘，好像都不是什么大不了的东西。一般情况下，我们很难将它们和能量联系在一起。

在我们每天都会看到的太阳中，有一些物质正释放着巨大的能量。大家知道太阳是如何燃烧的吗？太阳是由一些气体组成的，包括氢气、氦气等气体。由于太阳的高温和巨大的压力，在太阳中就发生了氢聚变为氦的热核反应，因此，太阳释放出了极大的能量，产生了光和热。

$E=mc^2$，这个有名的公式便向我们揭示了其中的奥秘。根据爱因斯坦的这个公式，一粒灰尘的能量，等于"灰尘的质量×光速×光速"。

如果把你的体重（40 kg）完全转化成能量，你所拥有的能量就是40 kg（质量）×300000000 m/s(光速)×300000000 m/s=3600000000000000000 J（J—焦耳，能量单位）。如此巨大的能量，说不定都能点亮一颗星星了！

科学中也有好玩儿的故事!

　　到这里为止，本书的内容就要告一段落了。真希望大家能够喜欢这本书，希望你们在学校学习到相关的内容之前，能够通过这本书先熟悉一下相关的知识和内容。

　　这本书中出现的知识，你们以后会陆续在物理课上学到。物理学是从400多年前，伽利略用小球和木板做实验开始产生的。在物理学产生最初200多年时间里，它的发展速度比较慢，就好像是乘坐热气球旅行那样缓慢。就像人们坐在热气球上俯视山谷和河流一样，科学家们一面感叹大自然的神奇，一面不断地进行学习。在之后的100年里，科学发展的速度像是坐上了飞机一般。而离我们最近的100年时间，科学发展的速度更像是火箭一样快速。人们需要掌握的知识越来越多，即使只研究其中的某一个领域，一生的时间也显得非常

短暂,一些科学家甚至不了解和自己同一个实验室的科学家究竟在研究些什么东西。

　　在这本书里，我们虽然介绍了很多知识，但是有更多的内容是我们没有提到的。如果说科学是一棵大树，我希望通过这本书，能够让大家认识到这棵大树的存在，能够大概了解大树长成什么样子，大树里都有哪些东西，大树是如何生长的。而更加细分的知识，在这里还无法一一告诉大家。如果想要了解所有的物理知识，即使用100倍的篇幅，也无法全部都记录下来。在我们写作的过程中，筛选出了适合大家的内容，而删去了那些复杂的。如果将那些一一记录下来的话，你们也许会觉得太过复杂而对科学失去了兴趣。

　　我们需要学习的科学知识是无穷无尽的。所以，希望大家不要讨厌科学！科学不仅仅是数字和公式，科学中也有很多有趣的故事！希望通过这本书，所有的数字和公式都能够变成有趣的故事，永远留在你们的脑海之中！

著作权合同登记号：图字01-2010-0994号

本书由韩国 HumanKids Publishing Company 授权，独家出版中文简体字版

图书在版编目(CIP)数据

隐藏在自然中的秘密 /(韩)权秀珍 （韩）金成花著；（韩）Seo-Run 绘；

孙羽译. – 北京：九州出版社，2010.3（2021.11 重印）

（像童话一样有趣的科学书）

ISBN 978-7-5108-0359-8

Ⅰ . ①隐… Ⅱ . ①权… ②金… ③S… ④孙… Ⅲ . ①自然科学

– 儿童读物 Ⅳ . ①N49

中国版本图书馆CIP数据核字（2010）第034144号

隐藏在自然中的秘密

作　　者　（韩）权秀珍 （韩）金成花 著　（韩）Seo-Run 绘　孙 羽译

出版发行　九州出版社

地　　址　北京市西城区阜外大街甲35 号（100037）

发行电话　（010）68992190/2/3/5/6

网　　址　www.jiuzhoupress.com

电子信箱　jiuzhou@jiuzhoupress.com

印　　刷　唐山楠萍印务有限公司

开　　本　720 毫米×1000 毫米　16 开

印　　张　9

字　　数　116 千字

版　　次　2010 年4 月第1 版

印　　次　2021 年11 月第3 次印刷

书　　号　ISBN 978-7-5108-0359-8

定　　价　39.90 元